资助项目：

四川省教育厅自然科学创新团队项目“城市热环境遥感监测与评价”（16TD0040）

四川省环保科技重大专项“川西平原城市群大气污染（灰霾）特征和成因”（2013HBZX01）

成德一体化背景下城市热环境效应的遥感动态监测与评价

李海峰　著

黄河水利出版社

·郑州·

图书在版编目(CIP)数据

成德一体化背景下城市热环境效应的遥感动态监测与评价/李海峰著. —郑州:黄河水利出版社,2020. 7
ISBN 978-7-5509-2763-6

Ⅰ. ①成… Ⅱ. ①李… Ⅲ. ①城市环境-热环境-环境遥感-动态监测-研究-成都、德阳 Ⅳ. ①X21

中国版本图书馆 CIP 数据核字(2020)第 140900 号

组稿编辑:陶金志 电话:0371-66025273 E-mail:838739632@qq.com

出 版 社:黄河水利出版社 网址:www.yrcp.com
地址:河南省郑州市顺河路黄委会综合楼 14 层 邮政编码:450003
发行单位:黄河水利出版社
发行部电话:0371-66026940、66020550、66028024、66022620(传真)
E-mail:hhslcbs@126.com
承印单位:河南承创印务有限公司
开本:787 mm×1 092 mm 1/16
印张:8.75
字数:152 千字 印数:1—1 000
版次:2020 年 7 月第 1 版 印次:2020 年 7 月第 1 次印刷

定价:58.00 元

前　言

高速工业化和城市化进程中的中国社会，正面临着能源紧缺、交通拥堵、环境污染等众多问题，由此引起的城市热环境异常已经给城市生态环境和居民生活带来众多的负面影响，它已成为城市可持续发展和人居环境质量改善的严重障碍。城市绿地和水域作为自然环境的主体，在降温增湿、固碳释氧、杀菌滞尘等方面起着积极作用。近年来，对城市热环境状况以及城市绿地、水域景观热环境效应进行定量的、多学科的综合研究已得到国内外相关学者的重视。

本书在四川省成都市和四川省德阳市一体化的大背景下，在 GIS 技术的支持下，以 Landsat 遥感影像为主要数据源，借助统计学、景观生态学的相关理论与方法，揭示成都、德阳两座城市的热环境时空分布特征与演变规律，定量分析城市绿地景观、水域景观的热环境效应。

本书共分 9 章，第 1、2 章对选题背景、研究所使用的数据源和理论基础进行阐述，其中重点介绍了 Landsat 影像的地温反演算法；第 3 章对两座城市的热环境特征进行了描述；第 4 章以成都市为例借助混合像元分解技术提取其城市景观信息并完成分类；第 5 章以德阳市为例分析了德阳市近年的植被覆盖状况及变化规律；第 6、7 章定量分析了城市绿地和水域两种典型城市景观的热环境效应，重点分析了其降温效果；第 8 章对改善城市热环境状况的对策进行了研究；第 9 章是对研究成果的总结和下一步工作的建议。

本书由四川建筑职业技术学院李海峰博士拟定提纲和撰写，许辉熙教授负责全书的审定工作。参与相关研究的还有四川建筑职业技术学院谢兵博士、蒲仁虎博士和刘雪婷硕士，在此一并表示感谢。本书得到四川省教育厅自然科学创新团队项目“城市热环境遥感监测与评价”和四川省环保科技重大专项“川西平原城市群大气污染（灰霾）特征和成因”的联合资助。书中的部分研究成果已经在国内外刊物上公开发表。本书在撰写的过程中参考了大量中外文献,虽已明确标注,但难免有疏漏之处,恳请各位专家、学者谅解。

由于作者水平有限,加之研究条件和时间的限制,书中难免存在纰漏和不足之处,敬请广大读者批评指正。

作　者

2020 年 5 月

目　录

第 1 章 概 述

1.1 选题背景

城市是现代社会政治、经济和文化的核心,也是人类迈向成熟和文明的重要标志。它是一个复杂、动态的巨系统,不仅包括生产、消费和流通等空间现象和过程,也包括造成空间现象的非空间过程(许学强等,1996)。城市化已成为 21 世纪最显著的特征之一。根据德国全球人口基金会发布的统计数据:截至 2019 年底,全球人口总数将达 77.5 亿。2023 年这一数字可能达到 80 亿,到 21 世纪末,全球人口将继续增长至 110 亿左右。从景观角度考虑,城市化实质是土地利用/覆被景观演变的过程,即由水体、植被和土地等要素构成的自然景观被由水泥、沥青和金属等要素构成的人为景观所取代(岳文泽,2008)。

城市化导致地表蒸腾明显减少、径流加速,显热表面比例升高而潜热表面比例降低,同时伴有二氧化碳、二氧化硫等温室气体和有毒气体的大量排放,水体的严重污染等生态环境问题的产生。这将会给城市居民生活带来众多负面影响(VITOUSEK et al.,1997;OWEN et al.,1998)。下垫面性质的改变和大量人为热能的排放所导致的城市热岛效应(Urban Heat Island Effects,UHI)也不容小觑。气象学中城市热岛效应是指由于人类活动造成的城市气温高于周围自然环境气温的现象(周淑贞等,1994)。它已经成为主要的城市气候特征(Li et a1.,2010),对城市空气质量、能源消费结构以及公共健康等方面都将产生深远的影响。然而,随着城市居民对生活舒适度、身心健康等方面要求的不断提高,营造一个良好的人居环境显得势在必行。由此可见,研究城市热环境特征,探索城市绿地与水体景观等典型城市景观的热环境效应具有重要的理论意义和现实价值。

由于城市本身的复杂性、多变性,对于它的相关研究也将涉及测绘地理信息科学、气候学、城市规划学、地理学、计算机科学、地统计学等多门学科的相关知识,所以传统的研究手段无法将众多相对独立的知识有效的整合并充分利用。然而随着“3S”技术(地理信息系统—Geography Information Systems,

GIS;全球定位系统—Global Positioning Systems,GPS;遥感—Remote Sensing,RS)的不断成熟,卫星遥感已能够获得有效的地表辐射信息。另外,热红外遥感已被成功应用于城市地区进行城市热岛效应分析和土地利用/覆被类型划分等方面的研究,并作为城市地表大气交换模式的输入参数(孙天纵等,1995)。因此,在GIS技术的支持下,以遥感影像为基础数据源,能够成功地对城市热环境特征以及绿地与水域景观的热环境效应进行定量分析与评价。

成都市位于四川省中部,是四川省政治、经济、科技和文化中心,也是四川省乃至整个西部地区的重要交通和通信枢纽。2016年4月25日,在针对338个中国地级以上城市,按照商业资源集聚度、城市枢纽性、城市居民活跃度、生活多样性和未来可塑性5个维度指标评估确定成都市为新一线城市。2017年5月25日,新一线城市研究所发布了《2017中国城市商业魅力排行榜》,成都在15个"新一线"城市中高居榜首。2018年紫光旗下新华三集团数字经济研究院正式发布的《中国城市数字经济指数白皮书(2018)》中,成都市再次蝉联新一线城市之首。榜单从侧面反映了成都的城市实力和魅力。当前的成都,正在全面增强西部经济中心、科技中心、金融中心、文创中心、对外交往中心和综合交通通信枢纽功能,建设全面体现新发展理念的国家中心城市。

为加快区域经济发展,成都与德阳两市签署了《成都德阳同城化发展框架协议》和《关于共建工业集中发展区的协议》,通过了规划、工业经济、政府采购、交通、教育、旅游、城市水源地保护、金融等8个合作事项。

德阳"十二五"规划就曾提出要着力建设区域中心城市,推进成都德阳同城化。实现成都与德阳一体化,政府从多个方面着手。德阳、成都城际距离45 km,城际地域连接口20 km(位于广汉、什邡和中江),城际间有国、省、县(含县级市)、乡公路18个接口。此外,德阳是重装基地,成都有丰富的科研资源,二者可以很好地对接。德阳与成都的人流、车流密度大,物流和商业贸易交易频繁,这些都是德阳与成都同城化的基础和环境。

现在,随着成德一体化的逐步推进,两市的城市热环境状况也发生显著变化,对后续城市健康发展将产生一定程度的影响,有必要对其进行深入细致的分析。

1.2 研究目的及意义

当前,我国处在快速城市化的发展阶段,人口增长和城市扩张是其最典型的表现。对于大多数的城市尤其一些大城市、特大城市,为缓解城市核心区域土地资源紧张和功能区结构矛盾,城市中的绿色空间、水域空间遭到侵占、破坏,城市郊区土地也难幸免。这势必对周围生态环境造成现实的破坏和潜在的威胁,而城市绿地和水域对于改善城市生态环境都有着积极的作用。在合理规划和使用城市绿地、河流、水系的同时还应该加强它们与热环境之间的相关关系研究。目前,系统性的研究成果相对匮乏,且与规划结合较弱,部分研究成果并没有得到广泛重视与应用。从定量角度而言,城市绿地、水域能够很好地起到降温、增湿的效果,而绿地斑块的面积、周长等的差异在调节气温上也不尽相同。它们形成建成区范围内的"冷岛区域""湿岛区域",由于这些区域温度较低,空气冷却收缩下沉,地面的气压升高,气压高的气流从绿地、水域等区域吹向四周,形成局部环流,起到降低温度的作用。

深入研究、定量挖掘城市热环境状况及典型城市景观(如绿地、水域景观)的热环境特征及其降温效果,研究成果可为城市总体规划,绿地、水域系统规划与管理提供决策支持,同时还能有效指导低碳城市建设;从市场角度而言,可为城市公共设施的优化配置、城市功能结构分区提供参考依据;从社会效应而言,研究成果有助于改善城市人居环境、降低城市能源消耗、改善城市生态环境、提升城市的社会影响力。

1.3 研究现状

城市热环境是气象工作者和环境工作者在城市热岛效应研究的基础上提出的概念,是城市空间环境在热力场中的综合表现(陈云浩等,2002),也是城市生态环境的重要组成部分,通过研究城市热环境能够揭示城市空间结构和城市规模,为城市的健康发展提供引导。目前,研究城市热环境的手段主要有三种:地面观测法、遥感监测法和数值模拟法(胡嘉骢等,2010)。由于遥感监测法具有覆盖范围广、时间同步好等优势,被越来越多的学者采纳。目前,研究人员使用的遥感数据主要包括 NOAA/AVHRR、ASTER、MODIS 和 Landsat, Landsat 影像由于具有较高的空间分辨率而备受学者青睐,尤其是 Landsat 8 的成功发射(蒋大林等,2015;宋挺等,2015;邱刚刚等,2015;Noam et al.,2016;Rostami et al.,2017;Pushparaj et al.,2018;李海峰等,2017; Kumar et al.,2018;Manzo et al.,2018; Keith et al.,2018),使其应用更加广泛。

景观是具有高度空间异质性的区域,它是由相互作用的景观元素或生态系统以一定的规律组合而成的(傅伯杰等,2001)。将景观生态学的理论与方法应用于城市热环境的研究中,就形成了城市景观热环境。城市景观热环境主要研究城市景观格局变化对城市热环境的影响以及典型城市景观的热环境效应。

国外针对城市景观热环境效应的研究比较早,成果相当丰富,例如:Makoto 等(2001)对日本东京市街道的景观格局进行研究,结果表明:若街道的走向朝向稻田,使得稻田上空的相对较冷空气可以进入附近的小区内,对居住区 150 m 范围内起到显著的降温效果;Yuan 等(2007)研究了不透水面与城市热场分布的关系,结果表明:不透水面对应温度相对较高;Giridhzran 等(2007)、Akinbode 等(2008)通过对研究区城市温度和湿度的分析发现,植被覆盖好的区域温度相对较低而湿度相对较高,由此说明,植被具有明显的降温增湿效果;Balcik(2014)分析了土地利用类型与地温分布之间的相关关系;Venkatesh 等 (2014)以地温为指标研究城市热环境与地表植被覆盖之间的关系,同时考虑了 CO_2 等温室气体的作用。Kim 等(2014)对韩国大邱一条河流整治前后的热环境效应进行建模分析,认为河流整治后对居住区白天的降温效果达到 1.33 ℃左右;Masiero 和 Souza(2016)通过定点监测的方式研究热带城市在干燥时期蓄水和树木如何改善城市的热特征;Sun 等(2017)通过数值模拟的方法以北京长约 9 km 的某带状公园为例,研究了城市绿地空间对城市热环境效应的缓解作用;Saito 等(2017)通过计算机模拟的方法,分析认为增加绿地面积能有效改善世界遗产保护区——马来西亚马六甲的城市热环境状况;Herath 等(2018)通过建模评价热带城市斯里兰卡几种不同地表覆盖类型的热环境状况,研究选择最合适的缓解城市热岛效应策略。

国内运用景观生态学理论系统研究城市热环境的尝试始于北京师范大学陈云浩等(2002,2004,2006)。他定义了“热力景观”的概念,在针对城市热环境的研究中形成了一整套研究理论与方法,并构建了评价热环境的指标体系。岳文泽(2008)在陈云浩等研究的基础上,重点研究上海市不透水面、城市公园景观、水体景观以及城市绿地景观的热环境效应,并选择大量样本进行回归分析,建立了具有较强研究价值的回归模型,得出一些重要结论。近年来,随着人们对城市热环境关注度的不断提高,众多学者也开始针对不同城市景观类型的热环境效应进行广泛而深入的研究。例如:雷江丽等(2011)、栾庆祖等(2014)、邱海玲等(2015)通过对绿地斑块的面积、周长和形状指数与地温关系的研究,分析绿地的降温范围及降温效果;彭保发等(2013)通过研究城市绿地、建筑物等确定城市热岛效应的影响机制及其作用规律;杨俊等(2016)用 ETM +、SPOT 数据研究大连市沙河口和西岗区绿地时空分布特征及热环境效应;房力川等(2017)分析了成都市中心城区城市绿地斑块景观指数与地温的相关关系和绿地斑块的降温辐射范围；李海峰等(2018)把Kriging算法与等温线叠加生成等温线分布图，以等温线分布图为基础精确确定绵阳市绿地斑块的降温边界、降温范围及边界温度，并对绿地斑块平均温度与面积、周长等指数的关系进行回归分析。

吕志强等(2010)通过对珠江口沿岸土地利用变化及其地表热环境分析发现，以建设用地扩展为突出特征的土地利用变化，深刻影响着区域热环境。周东颖等(2011)提取了哈尔滨的城市公园景观空间分布格局，并对典型城市公园的热环境效应进行分析。结果表明：公园景观斑块的面积、周长和形状指数与温度存在显著的负相关，即公园景观对周围环境具有明显的降温作用；阮俊杰(2016)等研究了上海市中心区域内公园在夏季的热环境效应，分别确定了降温幅度和降温范围；李海峰等(2015)确定了四川省绵阳市涪江、安昌河和芙蓉溪的降温范围，研究发现河面宽度、水域面积和流经区域的差异导致降温效果不同；黄木易等(2017)分析了2000~2013年巢湖流域地表热环境演变规律，建立地温与下垫面景观结构相关关系表，并论述了几种典型景观的热环境效应；李翔泽等(2014)通过定点监测的方法记录深圳市西丽大学城附近5种不同地被类型的地温，并比对其温度差异，结果表明城市绿化和景观水具有明显的缓解城市热岛效应的作用，不透水面对城市热岛效应有一定的促进作用；邹婧等(2017)、王琳等(2017)论述了地表热环境与景观格局的相关关系。

综合以上论述可知：目前，学者们针对四川省各市州的相关研究较少，成都作为四川省的省会城市也仅有部分学者对其进行分析，如：贾刘强等(2009)以Landsat ETM+遥感影像为数据源，利用数理统计和地理图像信息模型方法，定量分析绿地斑块的面积、周长和形状指数与其对周边温度的影响范围及降温程度之间的关系；房力川(2017)利用Landsat-8研究成都市绿地的热环境效应。而且研究工作也并不系统，属零星分析。而对德阳市的相关研究更是匮乏，当前，在成德一体化的背景下，本书将借助Landsat遥感影像，运用多种分析方法与评价手段对成都市、德阳市热环境状况、植被覆盖状况，绿地景观和水域景观的热环境效应进行系统分析和定量评价，初步构建两种典型城市景观热环境效应研究体系。

1.4 成都市概况

四川省成都市位于四川省中部，四川盆地西部，成都平原腹地。地理位置介于东经 102°54′~104°53′和北纬 30°05′~31°26′，全市东西长 192 km，南北宽 166 km。成都市简称“蓉”，别称蓉城、锦城，是四川省省会、副省级市、特大城市、成都都市圈核心城市，国务院批复确定的中国西部地区重要的中心城市，国家重要的高新技术产业基地、商贸物流中心和综合交通枢纽。截至 2018 年，全市下辖 13 个区、4 个县，代管 5 个县级市，13 个区分别为锦江区、高新区、天府新区、成都直管区、青羊区、武侯区、成华区、金牛区、龙泉驿区、双流区、温江区、郫都区、新都区和青白江区；5 个县级市为简阳市、都江堰市、彭州市、邛崃市、崇州市；4 个县为金堂县、大邑县、蒲江县、新津县。2019 年末，总面积为 14 335 km^2，其中耕地面积 648 万亩[1]，建成区面积 949.6 km^2，常住人口 1 658.10 万，城镇人口 1 233.79 万，城镇化率 74.41%。

成都境内地势平坦、河网纵横、物产丰富、农业发达，属亚热带季风性湿润气候，自古有“天府之国”的美誉；是西部战区机关驻地，作为全球重要的电子信息产业基地，有国家级科研机构 30 家，国家级研发平台 67 个，高校 56 所，各类人才约 389 万人。截至 2019 年，世界 500 强企业落户 301 家。

成都也是国家历史文化名城，古蜀文明发祥地。境内金沙遗址有3 000年历史，周太王以“一年成邑，二年成都”，故名成都；先后有 7 个割据政权在此建都；一直是各朝代的州郡治所；在汉代为全国五大都会之一；在唐代为中国最发达的工商业城市之一，史称“扬一益二”；在北宋时期是汴京外第二大都会。拥有都江堰、武侯祠、杜甫草堂等名胜古迹，是中国优秀旅游城市。

成都先后获世界最佳新兴商务城市、中国内陆投资环境标杆城市、国家小微企业双创示范基地城市、中国城市综合实力十强 、中国十大创业城市、中国外贸百强、城市排名第 18 位等荣誉，正加快建设具有全国引领力、全球竞争力的世界文创名城。在全国特大城市中，仅次于北京、上海、重庆，居第四位。据测算，到 2030 年全市经济总量将达 3.8 万亿、人口规模也将突破 2 200 万的承载极限。

成都东北与德阳市、东南与资阳市毗邻，南面与眉山市相连，西南与雅安市、西北与阿坝藏族羌族自治州接壤。距东海 1 600 km，南海 1 090 km，属内陆地带（来源：成都市人民政府门户网站）。成都市地理区位如图 1-1 所示。

---

[1] 1 亩 = 1/15 hm^2，全书同。

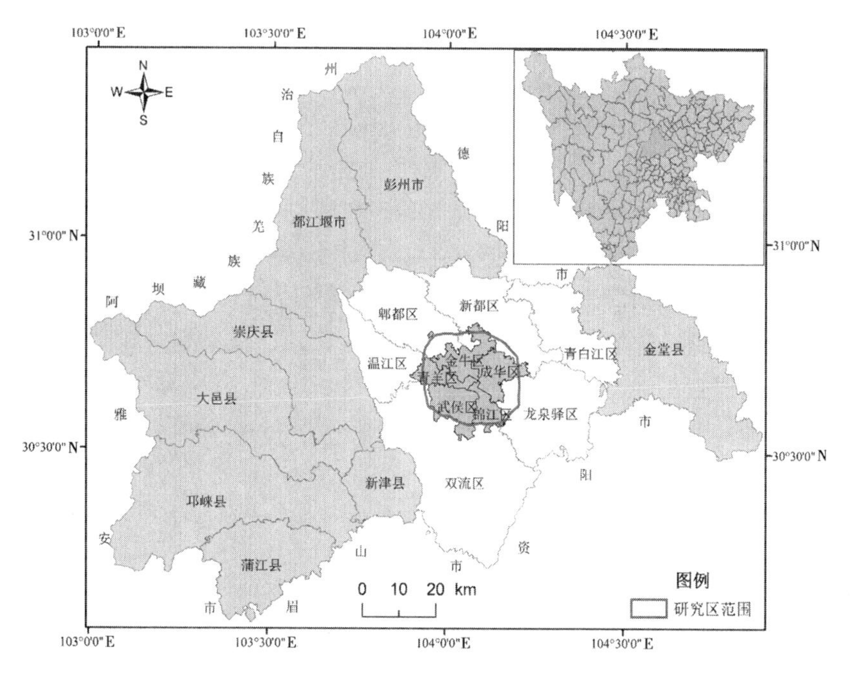

图 1-1　成都市地理区位

1.4.1　自然地理情况

1.4.1.1　地形

成都市地质历史悠久，地层出露较全。全市地势差异显著，西北高，东南低，西部属于四川盆地边缘地区，以深丘和山地为主，海拔大多在 1 000 ~ 3 000 m，最高处大邑县双河乡海拔为 5 364 m，相对高度在 1 000 m 左右；东部属于四川盆地盆底平原，是成都平原的腹心地带，主要由第四系冲击平原、台地和部分低山丘陵组成，土层深厚，土质肥沃，开发历史悠久，垦殖指数高，地势平坦，海拔一般约 750 m，最低处金堂县云台乡仅海拔 387 m。成都市东、西两个部分之间高差悬殊达 4 977 m。由于地表海拔高度差异显著，直接造成水、热等气候要素在空间分布上的不同，不仅西部山地气温、水温、地温大大低于东部平原，而且山地上下之间还呈现出明显的不同热量差异的垂直气候带，因而在成都市域范围内生物资源种类繁多，门类齐全，分布又相对集中，这为成都市发展农业和旅游业带来了极为有利的条件。

1.4.1.2　气候

成都市位于川西北高原向四川盆地过渡的交接地带，属于亚热带湿润季风气候区。气候资源独特。东西两部分之间气候不同。由于成都市东、西高低悬殊,热量随海拔高度急增而锐减,出现东暖西凉两种气候类型并存的格局,而且,在西部盆周山地,山上山下同一时间的气温可以相差几度,甚至由下而上呈现出暖温带、温带、寒温带、亚寒带、寒带等多种气候类型。这种热量的垂直变化,为成都市发展农业特别是多种经营创造了十分有利的条件。冬暖、春早、无霜期长,四季分明,热量丰富。年平均气温在 17.5 ℃左右,≥10 ℃的年平均活动积温为 4 700 ~ 5 300 ℃,全年无霜期大于 337 d,冬季最冷月(1 月)平均气温为 5 ℃左右,0 ℃以下天气很少,比同纬度的长江中下游地区高 2 ~ 3 ℃,提前一个月入春。而且冬春雨少,夏秋多雨,雨量充沛,年平均降水量为 1 124.6 mm,而且降水的年际变化不大,最大年降水量与最小年降水量的比值约为 2∶1。光、热、水基本同季,气候资源的组合合理,很有利于生物繁衍。风速小,广大平原、丘陵地区风速为 1 ~ 1.5 m/s;晴天少,日照率在 24% ~32%,年平均日照时数为 1 042 ~ 1 412 h,年平均太阳辐射总量为83.0 ~ 94.9 km/cm^2。

1.4.1.3 水资源

成都市降水丰沛,年均水资源总量为 304.72 亿 m^3,其中地下水 31.58 亿 m^3,过境水 184.17 亿 m^3,基本上能满足成都市人民生活和生产建设用水的需要。主要特点:一是河网密度大。成都市有岷江、沱江等 12 条干流及几十条支流,河流纵横,沟渠交错,河网密度高达 1.22 km/km^2;加上驰名中外的都江堰水利工程,库、塘、堰、渠星罗棋布。2004 年有效灌溉面积达 34.5 万 hm^2,全市水能资源理论蕴藏量为 161.5 万 kW。二是水质优良。成都地处长江流域上游,河水主要由大气降水、地下潜流和融雪组成,在流入成都平原之前,河道主要在高山峡谷之间,受人为污染极小,因而水质格外优良,绝大部分指标都符合国家地表水二级标准的要求。

1.4.1.4 生物资源

成都市地处亚热带湿润地区,地形地貌复杂,自然生态环境多样,生物资源十分丰富。据初步统计,仅动物、植物资源就有 11 纲、200 科、764 属、3 000 余种。其中,种子植物 2 682 种,特有和珍稀植物有银杏、珙桐、黄心树、香果树等;主要脊椎动物 237 种,国家重点保护的珍稀动物有大熊猫、小熊猫、金丝猴、牛羚等;中药材 860 多种,川芎、川郁金、乌梅、黄连等蜚声中外。

1.4.1.5 矿产资源

矿产资源较为丰富。一是种类繁多,目前已探明的有铁、钛、钒、铜、铅、锌、铝、金、银、锶、稀土等金属矿产以及钙芒硝、蛇纹石、石膏、方解石、石灰石、大理石、煤、天然气等非金属矿产资源60多种;二是分布相对集中。全市有大小矿产地400余处,多数矿产资源分布相对集中。煤炭探明储量1.46亿t,主要集中在西部边沿山区的彭州市、都江堰市、崇州市和大邑县;天然气探明储量16.77亿 m^3,远景储量为42.21亿 m^3,主要集中于蒲江、邛崃、大邑、都江堰和金堂一带;钙芒硝储量全国第一,高达98.62亿t,主要集中于新津县和双流县;多种金属矿产资源则相对集中于彭州市;三是共生矿多。

1.4.2 社会经济状况

成都是四川省会,是国务院确定的西南地区的科技、商贸和金融中心,是国家重要的高新技术产业基地、商贸物流中心和综合交通枢纽,西部地区重要的中心城市。根据《成都统计年鉴—2017》,2016年全市实现地区生产总值(GDP)12 170.2亿元,比上年增长7.7%。其中,第一产业实现增加值474.9亿元;第二产业实现增加值5 232.0亿元;第三产业实现增加值6 463.3亿元。按常住人口计算,人均地区生产总值76 960元,增长6.2%。第一、第二、第三产业比例关系为3.9:43.0:53.1。城市居民收入稳步增长,生活质量不断提高。目前,在积极落实"五位一体"总体布局的前提下,加快构建具有全球竞争力的现代产业体系,以融入全球产业链高端和价值链核心为导向,构建以技术密集型和知识密集型为核心的高端高质高新现代产业体系。

1.5 德阳市概况

德阳市别称"旌城",是四川省地级市。位于成都平原东北部,地处东经103°45′~105°15′,北纬30°31′~31°42′,德阳市南靠成都市,北接绵阳市,东壤遂宁市,西邻阿坝藏族羌族自治州。1983年8月,经国务院批准为省辖地级市,是四川省重点建设的九大城市之一。地处龙门山脉向四川盆地过渡地带;西北部为山地垂直气候,东南部为中亚热带湿润季风气候。全市总面积5 910 km^2,下辖2区、1县,代管3县级市;2018年户籍人口387.7万。

德阳市毗邻省会成都市,位于丝绸之路经济带和长江经济带的交汇处、叠合点,正倾力打造成都国际化大都市的北部新城。德阳交通发达,主城区距成都双流国际机场70 km,距青白江亚洲最大的铁路集装箱中心站24 km。德阳因"三线建设"国家布局现代大工业而建市,是中国重大技术装备制造业基地。2017年11月,德阳成为第二批国家应急产业示范基地。2019年,德阳全市实现地区生产总值(GDP)2 335.9亿元。旌阳区为德阳市主城区,德阳市地理位置如图 1-2 所示。

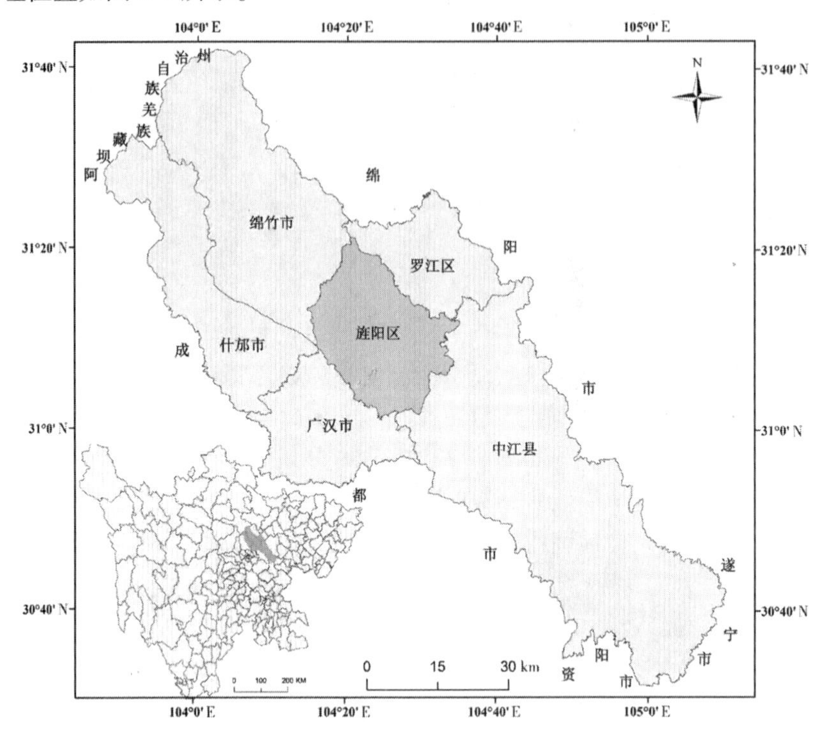

图 1-2　德阳市地理位置

1.5.1　自然地理情况

1.5.1.1　地形

德阳市地处龙门山脉向四川盆地过渡地带，按地形分，有高山、中山、低山、丘陵、平原，呈西北至东南的蚕形。地势西北高，东南低。市域地貌分为西北山区、中部平原、西南低山丘陵。西北为龙门山区，海拔一般 2 000 ~ 3 000 m，最高峰为狮子王峰，海拔 4 984.1 m。中部属成都平原东北部，一般海拔 465 ~ 750 m。东南地跨龙泉山脉为川中盆地丘陵区，海拔一般 650 ~ 1 000 m，最低点在中江县普兴镇山川村二水口，海拔 308 m。市域内平原面积占全市总面积的 30.8%，山区面积占总面积的 19.7%，丘陵面积占总面积的 49.5%。

1.5.1.2　气候

德阳市西北部山地区和东南部的平原、丘陵地区气候有着明显的差异，西北部为山地垂直气候，东南部为中亚热带湿润季风气候。主要气候特点是：气候温和，四季分明，降水充沛，无霜期长，冬干明显。春季冷空气活动频繁，气温回升不稳定，降水较少，常有春旱发生；夏季无酷暑多暴雨，常有洪涝；秋季气温下降快，常有连绵阴雨；冬季温暖少雨多阴天，雾日较多。年平均气温15～17 ℃，最冷月（1月）平均气温5～6 ℃，最热月（7月）平均气温25 ℃。年平均日照时数1 000～1 300 h，日平均气温终年高于0 ℃，≥0 ℃积温5 500～6 000 ℃。极端最高气温37.3 ℃，极端最低气温－7.6 ℃。年总降水量900～950 mm，降水量自西北向东南逐渐减少，西北部年降水量950 mm以上，中部900～950 mm，东南部900 mm以下。降水量多集中在5～10月，占年降水量的87%～89%，降水量最多年达1 400～1 500 mm，最少年仅530～630 mm。年平均无霜期270～290 d。平均每年降雪日数1～3 d，多出现在隆冬季节。平原、丘陵盛行偏北风，年平均风速为1.4～1.6 m/s，春季风最大，3～5月平均风速为1.6～2.0 m/s，最大风速达14～19 m/s。秋冬季风最小，10月至次年2月平均风速0.9～1.5 m/s。

1.5.1.3 水资源

德阳市河流分属沱江水系和涪江水系，主要河流有绵远河、石亭江、鸭子河、清白江、凯江等。市域西北部山区，属什邡、绵竹的北部，为龙门山陷褶断束，地下水类型为碎屑岩类孔隙裂隙水、岩浆岩类孔隙水、碎屑岩类裂隙层间水、碳酸盐岩类裂隙溶洞水；中部平原为川西台陷的成都断陷盆地的一部分，地下水为松散岩类孔隙潜水；东南部丘陵区主要属川西台陷龙泉山穹褶束，地下水以碎屑岩类裂隙水为主，仅在凯江及其支流的河漫滩和阶地为松散岩类孔隙水。

1.5.1.4 生物资源

德阳市属四川盆地亚热带常绿阔叶林区，植被水平分布差异不大，垂直分布差异较为明显，森林植被复杂多样，植被群落极为丰富。西北部龙门山区地势起伏大，相对高差达4 000 m以上，有大片自然保存的原始森林，植物种类繁多，由于海拔高度的差异，形成明显的植被垂直带。中部平原区常有香樟、楠木、千丈、檀木、香椿、苦楝、桃、李、梨、杏、柑橘等。东南部丘陵地区乔木层主要有柏木、马尾松、栎树、香樟、桉树、女贞、千丈、桤木、泡桐、刺槐、银杏、黄连木、杨柳、枫杨、栾树等常绿阔叶林和紫穗槐及栎类灌丛。

1.5.1.5 矿产资源

德阳市已发现35种矿产，200多个矿产地。能源矿产有煤、天然气、油页岩、泥炭；化工矿产有磷、硫铁矿、蛇纹岩、锶、碘、岩盐、卤水、含钾岩石（钾长石、绿豆岩、海绿石）；建材矿产有石灰岩、白云岩、建筑用砂砾、黏土、花岗石、大理石、砂岩、石膏、石棉、脉石英、长石、石英砂岩;其他非金属矿产有膨润土、白云母;金属矿产有铝土矿、菱铁矿、磁铁矿、铅锌矿、铜钼矿、铜矿、铀钍矿; 以及地下水、矿泉水等。探明储量的矿产有磷、煤、天然气、矿泉水、石灰岩、白云岩、蛇纹石、锶、碘、铝土矿、硫铁矿、砂砾石、黏土等。已经开发利用的矿产有磷、煤、天然气、石灰岩、白云岩、砂砾石、花岗石、大理石、砂岩石材、硫铁矿、黏土、矿泉水等。

1.5.2 社会经济状况

2018 年,德阳市实现地区生产总值(GDP)2 213.9 亿元,按可比价计算,比 2017 年增长 9.0%。经济总量突破 2 000 亿元大关,人均 GDP 62 569 元。其中,第一产业增加值 243.3 亿元,增长 3.7%;第二产业增加值 1 071.1 亿元,增长 9.4%;第三产业增加值 899.5 亿元,增长 10.0%。三产结构为 11.0:48.4:40.6。

2018 年,德阳市民营经济实现增加值 1 243.1 亿元,增长 9.2%。民营经济占全市经济的比重为 56.1%,比 2017 年提高 0.3 个百分点。全年居民消费价格比 2017 年上涨 1.8%。工业品出厂价格上涨 3.5%。工业品购进价格上涨 7.3%。全年实现一般公共预算收入 117.6 亿元,比 2017 年增长 10.7%。一般公共预算支出 271.9 亿元,增长 13.2%。

2018 年,德阳市全年完成全社会固定资产投资 1 125.9 亿元,同口径(下同)比上年增长 12.4%。其中:民间投资 727.8 亿元,增长 18.4%。全市第一产业投资 35.4 亿元,比 2017 年增长 6.2%;第二产业投资 449.9 亿元,增长 6.1%,其中工业投资 445.4 亿元,增长 9.6%;第三产业投资 640.7 亿元,增长 17.8%。三产投资比为 3.1:40.0:56.9。

2018 年,德阳市城镇居民人均可支配收入 34 216 元,增长 8.2%;城镇居民人均消费支出 23 960 元,增长 5.4%。农村居民人均可支配收入 16 583 元,增长 9.0%;农村居民人均消费支出 12 944 元,增长 8.7%。

1.6 主要研究内容

目前,遥感卫星的热红外波段是监测地球表面温度变化的主要数据,它为研究全球气候变化提供大量客观、真实的数据(Kustas et al.,2009;Anderson et al.,2012;Georgescu et al.,2013)。以四川省成都市四环路以内建成区和德阳市旌阳区为研究对象,以美国陆地卫星 Landsat-5 遥感影像、Landsat-8 遥感影像、大比例数字地形图与相关统计资料为数据支撑,借鉴景观生态学的相关理论与方法,在成德同城化背景下对成都市 1988 ~ 2013 年和德阳市 2007 ~2018年快速城市化过程中的城市热环境时空分布特征与演变规律进行研究,对城市绿地景观、水域景观的热环境效应进行分析,建立回归模型,研究的技术路线如图 1-3 所示。研究主要内容归纳为以下四个方面。

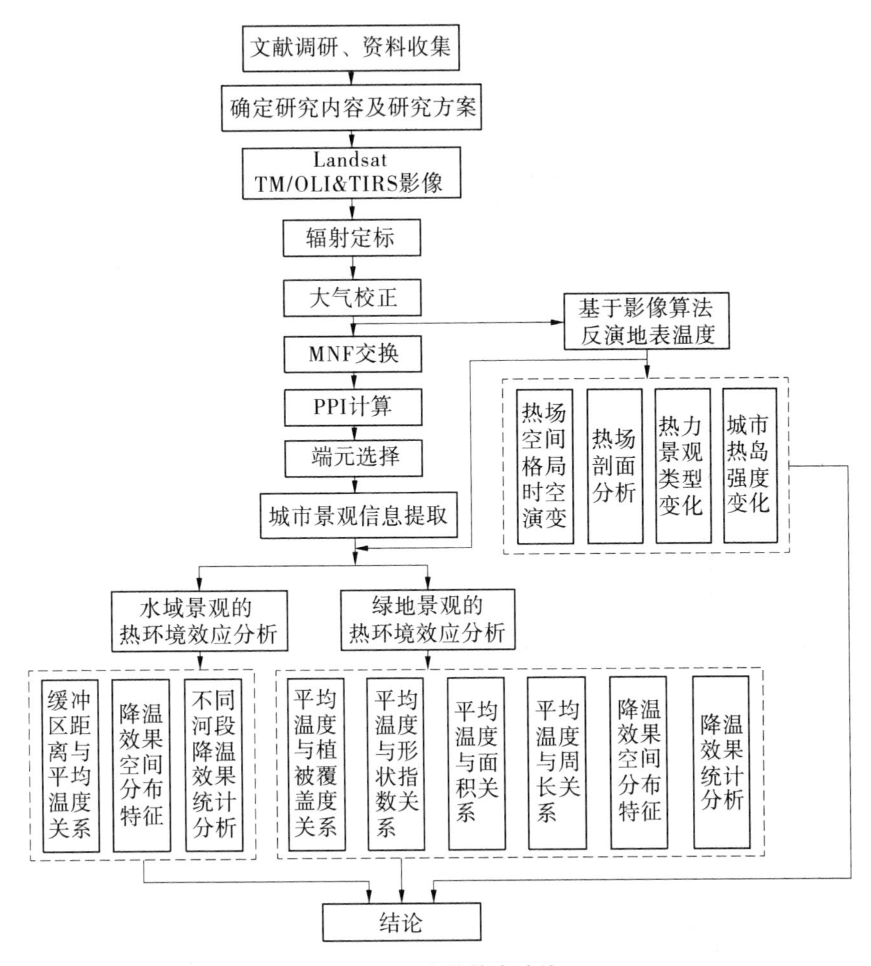

图 1-3　研究的技术路线

1.6.1　地温反演

地温是表征地表热能的主要因子,是衡量景观城市热环境效应的主要指标,其反演精度的高低将直接影响后续分析的真实性、可靠性。结合研究区实际情况,重点评述 Lansat－5 TM 传感器6 波段,Lansat－8 TIRS 传感器 TIRS10 和 TIRS11 两个热红外波段地温反演算法,确定 Lansat－5 TM 传感器6 波段和 Lansat－8 TIRS10 传感器反演模型。

1.6.2 城市热环境时空特征分布与演化分析

城市热环境是城市生态环境的重要组成部分,是衡量城市健康指数、舒适度的重要参数之一。借鉴景观生态学理论,研究两个城市的热场空间格局、热力景观类型演化和热岛强度变化特征。

1.6.3 城市绿地景观、水域景观的热环境效应分析

以 Lansat－8 遥感影像为基础数据,借助混合像元分解技术提取城市景观信息,利用 Kriging 空间差值算法、ArcGIS 空间分析功能,确定典型城市景观的降温范围、降温效果,对它们的热环境效应进行统计分析和相关性分析,最终建立回归模型。

1.6.4 改善热环境状况对策研究

从优化城市功能分区和结构布局,合理扩张城市;增加城市绿地、城市湿地面积;大力发展公共交通;推广新型环保建筑材料;控制城市人口数量等方面研究改善城市热环境状况。

第2章 数据源与理论基础

研究选择美国陆地卫星 Landsat－5 和 Landsat－8（轨道号 129/39 和 129/38）为遥感数据源，数据来源于中国科学院计算机网络信息中心地理空间数据云平台（http://www.gscloud.cn）。所有数据均为 Geotiff 格式，有空间坐标，且投影类型为 UTM 48N 带，椭球体及基准面均为 WGS 84。使用前，需要进行几何精校正以消除非系统性误差。

研究成都市共使用了 3 期 Landsat－5 影像，时间分别为 1988 年 5 月 1 日、2000 年 4 月 16 日和 2005 年 4 月 14 日；1 期 Landsat－8 影像，时间为 2013 年 4 月 20 日。研究德阳市共使用 1 期 Landsat－5 影像，时间为 2007 年 5 月 6 日；2 期 Landsat－8 影像，时间分别为 2014 年 8 月 13 日和 2018 年 4 月 2 日。研究区影像质量好、成像清晰，无薄云覆盖。适宜进行相关研究。表 2-1 为遥感影像元数据信息。

表 2-1 遥感影像元数据信息

日期（年-月-日）	传感器类型	中心经度（°）	中心纬度（°）	太阳高度角（°）	太阳角方位（°）	研究城市
1988-05-01	TM	104.55	30.30	59.50	113.39	成都市
2000-04-16	TM	104.60	30.29	56.78	121.19	成都市
2005-04-14	TM	104.54	30.29	58.40	126.03	成都市
2013-04-20	OLI&TIRS	104.57	30.31	62.82	128.59	成都市
2007-05-06	TM	104.83	31.77	64.56	121.84	德阳市
2014-08-13	OLI&TIRS	104.94	31.74	63.04	123.42	德阳市
2018-04-02	OLI&TIRS	104.90	31.74	63.81	126.98	德阳市

研究中还涉及成都部分区域 1∶1 万电子版地形图，格式为 AutoCAD 的 DWG 文件：西安 80 坐标系；1985 年国家高程基准，基本等高距 5 m；成都市、德阳市行政区划图和年鉴（2001～2018 年）以及相关的图片及文字材料等。

2.1 Landsat 卫星与传感器

1972 年 7 月 23 日,美国发射了第一颗地球资源技术卫星(梅安新等,2001),并把遥感影像产品向世界各国提供,几年后地球资源技术卫星更名为"陆地卫星"(Landsat)。此后,美国陆续发射多颗陆地卫星。Landsat－5 和 Landsat－7 也分别于 1984 年 3 月 1 日和 1999 年 4 月 15 日成功发射(张兆明等,2006)。它们在高约 705 km 的近圆形太阳同步轨道上运行,辐射宽度为 185 km,运行一周需 99 min,覆盖一次全球则需要 16 d。Landsat－5 上带有专题绘图仪 TM(Thematic Mapper),有 7 个工作波段,其中包含可见光、近红外和热红外波段。Landsat－7 上带有增强—加型专题绘图仪 ETM+(Enhanced Thematic Mapper Plus),除具有 TM 传感器 7 个波段外,还增加了一个全色波段。TM 和 ETM+数据是应用最广泛的地球观测数据之一。目前,它们在资源探测和环境监测方面都已得到成功应用。由于 TM 和 ETM+各个波段的特性不同,所以在实际应用时它们有着不同的用途(朱亮璞,1994;梅安新等,2001;张金区,2006)。

2013 年 2 月 11 日,美国国家航空航天局(National Aeronautics and Space Administration, NASA)又成功发射了 Landsat－8 卫星,为走过了 40 年辉煌岁月的 Landsat 计划重新注入新鲜血液。Landsat－8 卫星上携带有两个主要传感器,分别是陆地成像仪(Operational Land Imager, OLI)和热红外传感器(Thermal Infrared Sensor, TIRS)。其中,OLI 由卡罗拉多州的鲍尔航天技术公司研制,TIRS 由 NASA 的戈达德太空飞行中心研制。设计使用寿命为至少 5 年。

OLI 包括了 ETM+传感器所有的波段,为了避免大气吸收特征,OLI 对波段进行了重新调整,比较大的调整是 OLI Band 5(0.845～0.885 μm),排除了 0.825 μm 处水汽吸收特征;OLI 全色波段 Band 8 波段范围较窄,这种方式可以在全色图像上更好地区分植被和无植被特征。此外,还有两个新增的波段:蓝色波段(Band 1,0.433～0.453 μm),主要应用于海岸带观测,短波红外波段(Band 9,1.360～1.390 μm),包括水汽强吸收特征可用于云检测;近红外 Band 5 和短波红外 Band 9 与 MODIS 对应的波段接近。

TIRS 传感器是目前最先进、性能最好的热红外传感器。Landsat－8 的两个热红外波段的空间分辨率均为 100 m,其余波段的空间分辨率为 30 m(全色波段 15 m)。TM、OLI、TIRS 传感器各波段荷载参数如表 2-2、表 2-3 所示。

OLI 波段合成及主要用途和 TM 波段合成及主要用途间见表 2-4 和表 2-5。

表 2-2　OLI、TM 传感器各波段载荷参数

OLI			TM		
Band#	波段(μm)	空间分辨率(m)	Band#	波段(μm)	空间分辨率(m)
Band 1 Coastal	0.433～0.453	30	—	—	—
Band 2 Blue	0.450～0.515	30	Band 1 Blue	0.45～0.52	30
Band 3 Green	0.525～0.600	30	Band 2 Green	0.52～0.60	30
Band 4 Red	0.630～0.680	30	Band 3 Red	0.63～0.69	30
Band 5 NIR	0.845～0.885	30	Band 4 NIR	0.76～0.90	30
Band 6 SWIR 1	1.560～1.660	30	Band 5 SWIR 1	1.55～1.75	30
Band 7 SWIR 2	2.100～2.300	30	Band 7 SWIR 2	2.08～2.35	30
Band 8 PAN	0.500～0.680	15	Band 8 PAN	0.52～0.90	15
Band 9 Cirrus	1.360～1.390	30	—	—	—

表 2-3　TM、TIRS 传感器各波段载荷参数

TIRS			TM		
Band#	波段(μm)	空间分辨率(m)	Band#	波段(μm)	空间分辨率(m)
Band 10 TIRS 1	10.6～11.2	100	Band 6	10.40～12.50	120
Band 11 TIRS 2	11.5～12.5	100	—	—	—

表 2-4　OLI 波段合成及主要用途

波段组合(R、G、B)	主要用途
Band 4、Band 3、Band 2 Red、Green、Blue	波段合成真彩色图像，接近地物真实色彩，图像平淡，色调灰暗
Band 7、Band 6、Band 4 SWIR 2、SWIR 1、Red	假彩色图像，城市研究
Band 5、Band 4、Band 3 NIR、Red、Green	标准假彩色图像，地物色彩鲜明，有利于植被(红色)分类，水体识别

续表 2-4

波段组合(R、G、B)	主要用途
Band 6、Band 5 、Band 2 SWIR 1、NIR、Blue	植被类型丰富、便于植被分类
Band 7、Band 6、 Band 5 SWIR 2、SWIR 1、NIR	对大气穿透能力较强
Band 5、 Band 6、 Band 2 NIR、SWIR 1、Blue	突出显示健康植被
Band 5、Band 6、 Band 4 NIR、SWIR 1、Red	非标准假彩色图像,红外波段与红色波段合成,水体边界清晰,利于海岸识别;植被有较好显示,但不便于区分具体植被类别
Band 7、 Band 5 、Band 3 SWIR 2、NIR、Green	移除大气影响的自然表面
Band 7、Band 5 、Band 4 SWIR 2、NIR、Red	短波红外
Band 6、Band 5 、Band 4 SWIR 1、NIR、Red	有利于植被分析

表 2-5 TM 波段合成及主要用途

波段组合(R、G、B)	类型	主要用途
Band 3、Band 2、Band 1 Red、Green 、Blue	真彩色图像	用于各种地类识别。图像平淡、色调灰暗、彩色不饱和、信息量相对减少
Band 4、Band 3、Band 2 NIR、Red、Green	标准假彩色图像	其地物图像丰富、鲜明、层次好,用于植被分类、水体识别,植被显示红色
Band 7、Band 4、Band 3 SWIR 2、NIR、Red	模拟真彩色图像	用于居民地、水体识别
Band 7、Band 5、Band 4 SWIR 2、SWIR 1、NIR	非标准假彩色图像	画面偏蓝色,用于特殊的地质构造调查
Band 5、Band 4、Band 1 SWIR 1、NIR、Blue	非标准假彩色图像	植物类型较丰富,用于研究植物分类

续表 2-5

波段组合(R、G、B)	类型	主要用途
Band 4、Band 5、Band 3 NIR、SWIR 1、Red	非标准假彩色图像	(1)利用了一个红波段、两个红外波段,因此凡是与水有关的地物在图像中都会比较清楚。 (2)强调显示水体,特别是水体边界很清晰,易于区分河渠与道路。 (3)由于采用的都是红波段或红外波段,对其他地物的清晰显示不够,但对海岸及其滩涂的调查比较适合。 (4)具备标准假彩色图像的某些点,但色彩不会很饱和,图像看上去不够明亮。 (5)水浇地与旱地的区分容易。居民地的外围边界虽不十分清晰,但内部的街区结构特征清楚。 (6)植物会有较好的显示,但是植物类型的细分会有困难
Band 3、Band 4、Band 5 Red、NIR、SWIR 1	非标准接近于真色的假彩色图像	对水系、居民点及其市容街道和公园水体、林地的图像判读是比较有利的

2.2 地温反演

2.2.1 辐射校正

遥感成像需经历从辐射—大气层—地球表面—大气层—传感器的复杂过程,在此过程中由于太阳位置、地形、大气等众多因素的联合影响,遥感器所接受到的测量值和目标物的辐射能量是不一致的,常常会引起光谱亮度的失真,而失真往往会影响研究人员对影像的判读和解译,因此必须进行减弱或消除。这种消除图像数据中依附在辐射亮度里的各种失真的过程称为辐射校正(radiometric correction)(赵英时等,2003)。一般而言,辐射校正主要包括辐射定标(radiometric calibration)和大气校正(atmospheric correction)两个步骤。

2.2.1.1 辐射定标

对于 Landsat－5 TM 影像数据，根据波段光谱辐射亮度进行辐射定标的模型如式(2-1)所示(池宏康，2005；徐涵秋，2007)：

$$L_{\lambda} = L_{\min\lambda} + Q_{\lambda}(L_{\max\lambda} - L_{\min\lambda})/Q_{\max} \tag{2-1}$$

式中：λ 为波段值；L_{λ}为像元在传感器处的光谱辐射值；Q_{λ}为以 DN 表示的量化标定后的像元值；$Q_{\max}$为 8 位 DN 值的理论最大值；$Q_{\min}$为 8 位 DN 值的理论最小值。$L_{\max\lambda}$为根据 $Q_{\max}$拉伸的最大光谱辐射值；$L_{\min\lambda}$为根据 $Q_{\min}$拉伸的最小光谱辐射值。

$L_{\min\lambda}$和 $L_{\max\lambda}$可在数据头文件中获得。辐射定标的相关操作可以在 ENVI 软件中完成(李小娟等，2008)。

对于 Landsat－8 热红外传感器 TIRS 和多光谱 OLI 传感器根据式(2-2)将影像的亮度值转换为大气顶部的光谱辐射值(徐涵秋，2016)，即

$$L_{\lambda} = M_{\mathrm{L}}Q_{\mathrm{cal}} + A_{\mathrm{L}} \tag{2-2}$$

式中：L_{λ}为波段 λ 的大气顶部的光谱辐射值(TOA spectral radiance)；M_{L}为波段 λ 的调整因子，可从头文件(＊_MTL. txt)中查得，对应语句 Radiance_Mult_Band_x，x 代表波段号；A_{L}为波段 λ 调整参数，从头文件(＊_MTL. txt)中也可以获得，对应语句 Radiance_Add_Band_x；Q_{cal}为影像 16 位量化的 DN 值。

需要注意的是，Landsat 项目团队(USGS，2015)研究发现，定标完成后需将 TIRS10 计算所得的辐射亮度值进行修正[2013 年 10 月 25 日公布减去 0.32 W/(m^2·sr·μm)；2013 年 11 月 14 日公布减去 0.29 W/(m^2·sr·μm)]，TIRS11 计算所得的辐射值减去 0.51 W/(m^2·sr·μm)。

2.2.1.2 大气校正

就被动遥感而言，遥感影像辐射值受大气影响主要包括两方面：首先，由于大气层的散射和吸收作用，传感器接收到的来自地物目标辐射能量在传输过程有所降低；其次，由大气反射和散射形成的路径辐射与地物目标辐射混合在一起共同进入探测器，致使辐射量失真。所以，大气校正显得尤为重要。然而，由于不同传感器的性能和参数差异较大，因此由不同传感器所获得的数据在大气校正的方法上和模型的选择上也有所不同。

目前，针对 Landsat－5 遥感数据进行大气校正的方法主要包括：辐射传输方程求解法、地面波谱实测数据回归校正法、直方图最小值去除法和基于图像的 DOS 模型及其改进版 COST 模型法(王静等，2006)。COST 模型法所需参数容易获取，操作简单。尽管它成立的条件是基于大气辐射传输过程的某些假设，但其精度完全能够满足本书研究的要求。已有研究发现，COST 模型法

校正数据适宜进行植被遥感研究(王静等,2006;宋巍巍等,2008)。因此,本书选择 COST 模型完成 TM 影像的第 1 ~5 波段和第 7 波段的大气校正,第 6 波段(热红外波段)的大气校正已经包含在地温反演模型中。

COST 模型是 Chavez(1988,1996)提出的,它是基于图像的大气参数估算方法,其实质是利用传感器光谱辐射值(完成辐射定标)减去大气层光谱辐射值。原理见下式:

$$LI_{haze} = LI_{min} - LI_{1\%} \tag{2-3}$$

式中:LI_{haze}为大气层光谱辐射值;LI_{min}为传感器各波段最小光谱辐射值;$LI_{1\%}$代表反射率为 1% 的黑体辐射值(Moran et al. ,1992)。

遥感器的最小光谱辐射值 LI_{min}的计算模型如下:

$$LI_{min} = LMINI + Q_{cal}(LMAXI - LMINI)/Q_{calmax} \tag{2-4}$$

式中:Q_{cal}为每一波段最小亮度值;Q_{calmax}为最大亮度值,取 255;$LMAXI$、$LMINI$为常数,指传感器光谱辐射值的上限和下限,这些数据可由头文件中获取。

黑体辐射值 $LI_{1\%}$的算法如下式:

$$LI_{1\%} = 0.01 \times ESUNI \times \cos^2(SZ)/(\pi D^2) \tag{2-5}$$

式中:$LI_{1\%}$为假设黑体反射率为 1% 各波段的黑体辐射值;$ESUNI$ 为大气顶层太阳辐照度,遥感权威单位定期公布的大气顶层太阳辐照度;SZ 为太阳天顶角,算法参见式(2-6);D 为日地天文单位距离,算法参见式(2-7)。

$$SZ = 90° - \theta \tag{2-6}$$

式中:θ 为太阳高度角,可从元数据或头文件中获取。

若获取遥感数据源中无太阳高度角数据,可以根据式(2-8)计算获得(王国安等,2007;张闯等,2010)。

$$\left.\begin{aligned} JD &= 367 \times year - \mathrm{int}(7 \times (year + \mathrm{int}((month + 9)/12))/4) + \\ &\quad \mathrm{int}(275 \times month/9) + date + 1\,724\,013.5 + GMT/24 \\ D &= 1 - 0.016\,74\cos(0.985\,6 \times (JD - 4)) \times 3.141\,592\,6/180 \end{aligned}\right\} \tag{2-7}$$

式中:JD 为儒略日;$year$、$month$、$date$ 分别为遥感影像接收年、月、日;GMT 为世界时;int 是取整数函数。

$$\sin\theta = \sin\varphi\sin\delta + \cos\varphi\cos\delta\cos\Omega \tag{2-8}$$

式中:φ 为纬度,取一位小数;δ 为太阳赤纬,可从《地面气象观测规范》中获得;Ω 为太阳时角,$\Omega = (TT - 12) \times 15°$,$TT$ 为真太阳时,$TT = G_T + L_C + E_Q$,其中 G_T为北京时,L_C为经度订正(4 min/度),若地方子午圈在北京子午圈东取正,相反则取负,E_Q为时差。

利用 COST 模型完成大气校正后,计算各个波段地面反射率,其数学模型如式(2-9)所示：

$$\rho = \pi D^2(LsatI - hazeI)/ESUNI\cos^2(SZ) \tag{2-9}$$

式中：ρ 为地面反射率；D 为日地天文单位距离；$LsatI$ 为传感器光谱辐射值，即大气顶层的辐射能量；$hazeI$ 为大气层辐射值。

对于 Landsat - 8 TIRS 数据在地温反演时完成，而 OLI 数据则通过反射率定标系数获得像元的大气顶部反射率。利用 Chavez(1996)提出的 COST 模型反演大气顶部反射率同时完成大气校正(XU,2015)，模型如下：

$$\rho_{\lambda\_COST} = \frac{M_\rho(Q_{cal} - Q_h) + Q_\rho}{\cos\theta_Z \times \tau} \tag{2-10}$$

式中：ρ_{λ_COST}为校正后的大气顶部反射率；M_ρ 和 Q_ρ 为调整因子，可在头文件(* _MTL. txt)中查得；θ_Z为太阳天顶角，可以通过太阳高度角计算获得；Q_h为大气影响的修正值，可以通过最暗像元法获得(XU,2015)；τ 为大气透射率，可通过太阳高度角估算，由于其估算精度很难保证，因此在实际应用中常被忽略(Ramsey,2004)。

2.2.2 亮度温度反演

辐射校正工作完成后即可进行地温反演操作。由于大多数传感器探测到的是城市下垫面的辐射温度(亮度温度，简称亮温)，而这种辐射温度是将地物作为黑体，且没有经过大气校正，以像元为单位的平均地面温度，并非实际意义的地温。由于城市范围往往是非常有限的，其水汽状况近似一致，所以部分学者认为可直接用亮温研究城市热环境(孙天纵等,1995；陈云浩等,2002；但尚铭等,2011)。而另一部分学者则认为，亮温不具有温度的物理意义，致使其与地物真实温度相差甚大。因此，只能做一些简单的对比分析。如果在城市热环境的研究中用亮温代替地温，将会使结果产生较大误差(王天星等,2007)。基于以上分析，利用亮温对城市热环境进行深入研究会存在较明显的差异。因此，研究中选择地温为评价指标进行定量分析。

对于亮温的计算，本书采用如下模型：

$$T = K_2/\ln(1 + K_1/L_\lambda) \tag{2-11}$$

式中：T 为亮度温度，K；K_1和 K_2为发射前预设的常量，对于 TM 影像的第 6 波段，K_1 = 607.76 W/(m^2 · sr · μm)，K_2 = 1 260.56 K；对于 Landsat - 8 影像的 TIRS10 波段，K_1 = 774.89 W/(m^2 · sr · μm)，K_2 = 1 321.08 K；对于 TIRS11 波段，K_1 = 480.89 W/(m^2 · sr · μm)，K_2 = 1 201.14 K；L_λ为大气顶部的光谱辐射值，相关算法如 2.2 节所述。总结前人研究经验，Landsat - 8 影像选择了

TIRS10 波段完成亮温反演，1988 ~ 2013 年成都四环路范围内亮温分布如图 2-1所示，2007 ~ 2018 年德阳市旌阳区亮温分布如图 2-2 所示。

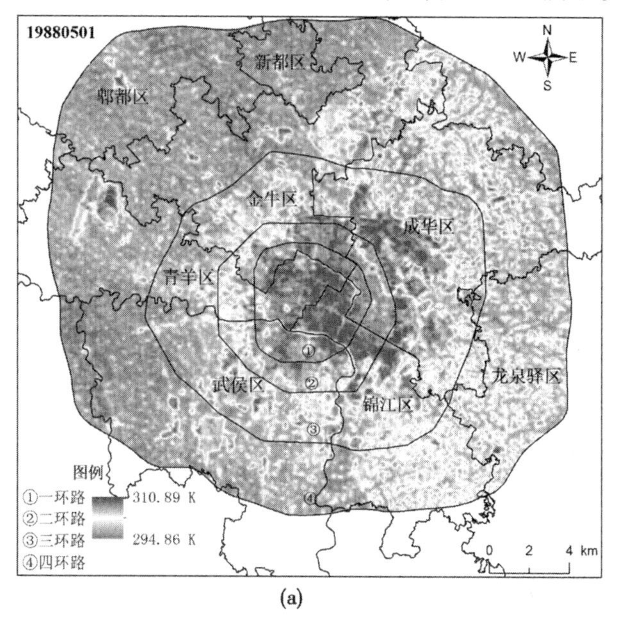

(a)

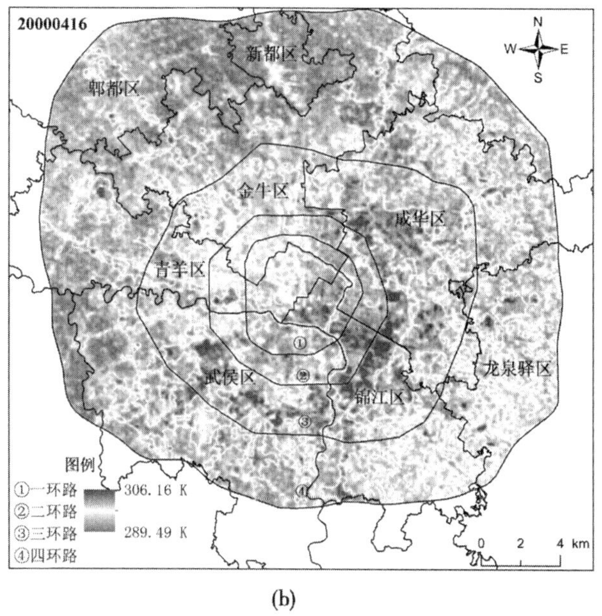

(b)

图 2-1　成都四环路范围内亮温分布

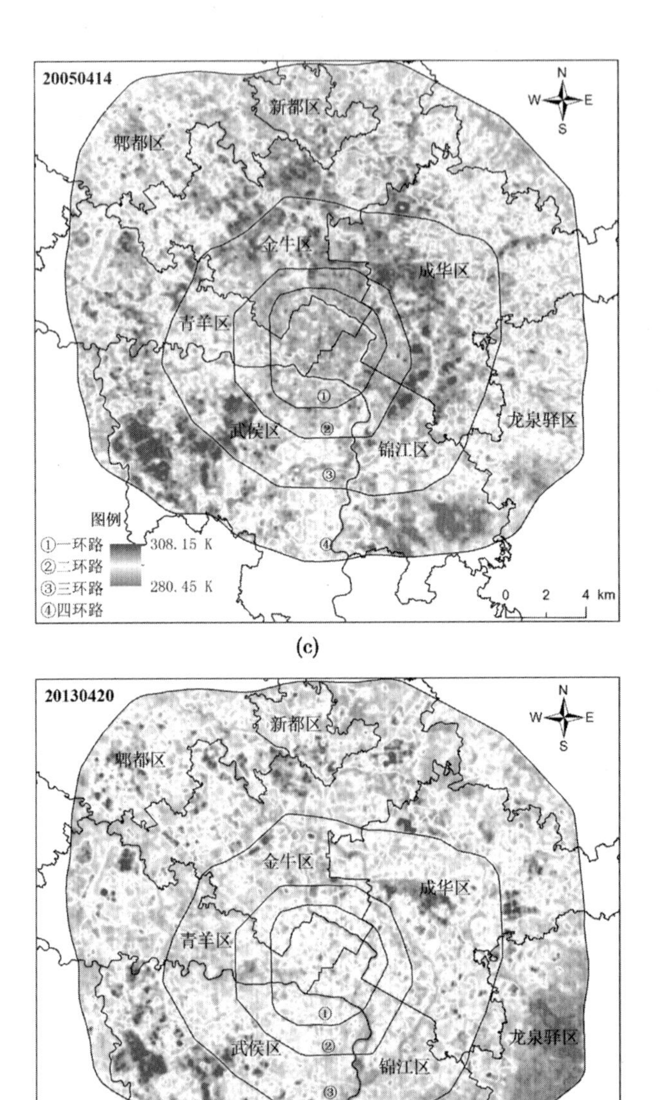
20050414
N
W
E
S
新都区
郫都区
金牛区
成华区
青羊区
①
②
③
④
武侯区
锦江区
龙泉驿区
图例
①一环路
②二环路
③三环路
④四环路
308.15 K
280.45 K
0 2 4 km
20130420
N
W
E
S
新都区
郫都区
金牛区
成华区
青羊区
①
②
③
④
武侯区
锦江区
龙泉驿区
图例
①一环路
②二环路
③三环路
④四环路
303.45 K
277.08 K
0 2 4 km

(c)

(d)

续图 2-1

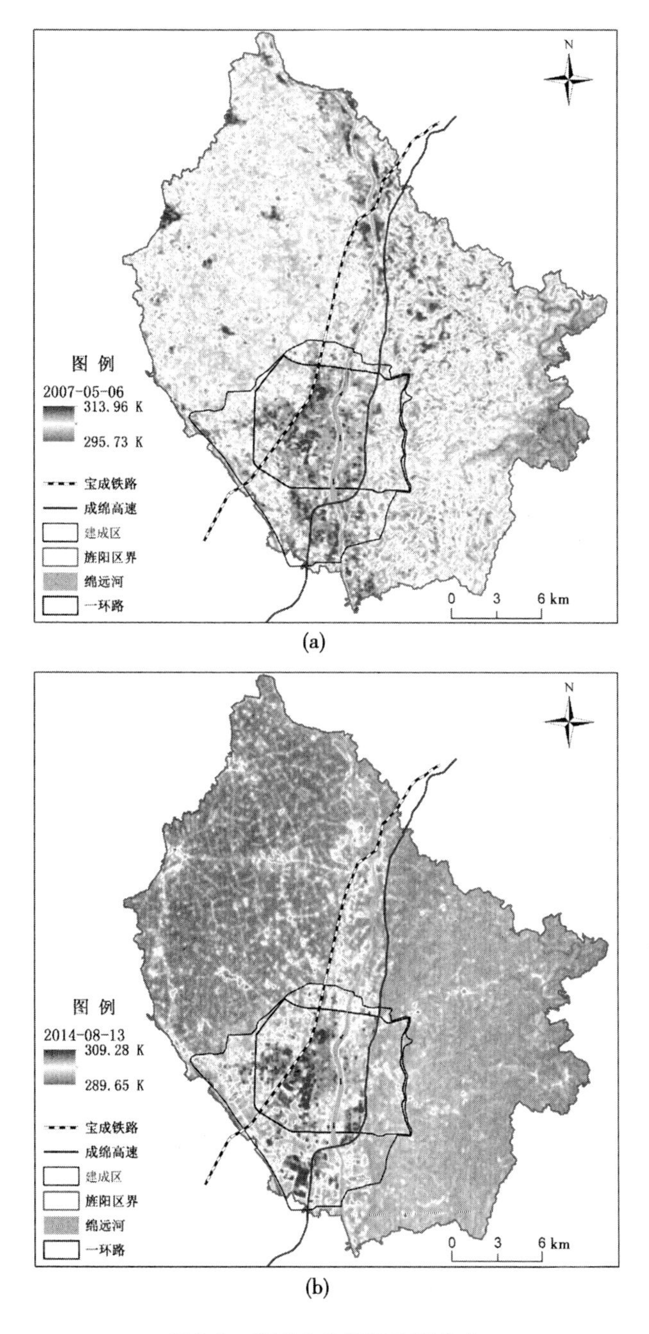

(a)

(b)

图 2-2 德阳市旌阳区亮温分布

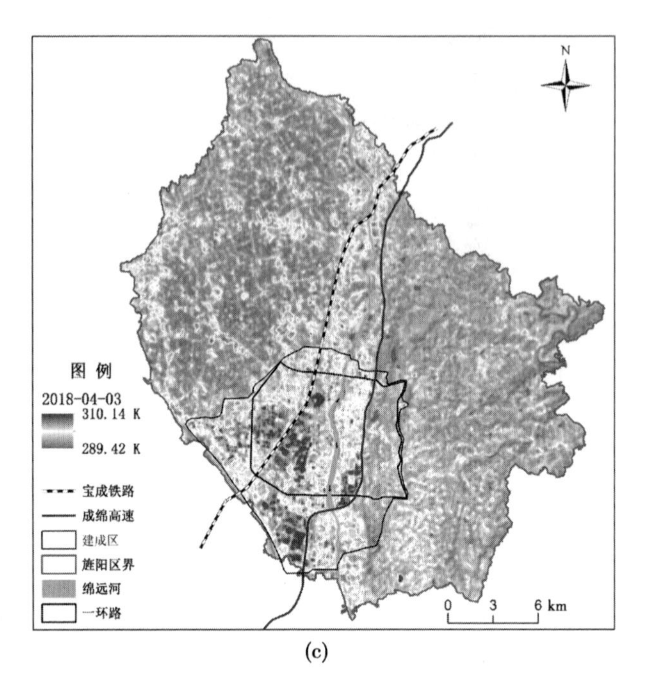

(c)

续图 2-2

2.2.3 地表比辐射率估算

地表比辐射率反映地表向外辐射电磁波能力的大小,是反演地温的关键参数,它的大小取决于地表物质的表面状态、物理性质以及遥感传感器接收电磁波的波长区间。研究认为,若地表比辐射率相差 0.01,在地温反演过程中将会产生 1 K 左右的误差(张仁华,1999)。由此可见,精确估算地表比辐射率是反演高精度地温的前提条件。

目前,估算地表比辐射率的方法主要有*NDVI*法、根据最大比辐射率和最小比辐射率差值与地表比辐射率的统计关系估算地表比辐射率、利用多时相数据确定地表比辐射率(郑文武等,2010)。其中,*NDVI* 法是应用最为广泛的一种方法,而且其估算精度也相对较高(丁凤等,2008;郑国强等,2010)。在城市范围内,对于 30 m 分辨率的 TM/ETM + 影像而言存在混合像元,结合实际情况近似认为它们是水体、建成区和自然表面的混合体,混合像元也仅仅是成分和构成比例的差异。结合前人的研究经验,本书采用如下方法估算研究区地表比辐射率:首先将影像划分为水体、建成区和自然表面 3 类,然后结合已有的纯净像元比辐射率研究成果(Jiménez et al. ,2003;Sobrino et al. ,2001,

2004)，将水体像元比辐射率的值赋为 0.995，自然表面和建成区地表比辐射率的估算采用下式完成。

$$\varepsilon_{\text{surface}} = 0.9625 + 0.0614\ FVC - 0.0461\ FVC^2 \tag{2-12}$$

$$\varepsilon_{\text{build-up}} = 0.9589 + 0.086\ FVC - 0.0671\ FVC^2 \tag{2-13}$$

式中：$\varepsilon_{\text{surface}}$ 为自然表面像元的比辐射率；$\varepsilon_{\text{build-up}}$ 为建成区像元的比辐射率；*FVC* 为植被覆盖度，由下式计算获得。

$$FVC = (NDVI - NDVI_S)/(NDVI_V - NDVI_S) \tag{2-14}$$

式中：*NDVI* 为归一化植被指数，由式(2-15)计算获得；$NDVI_V = 0.70$、$NDVI_S = 0.05$，并且规定当 $NDVI > 0.70$ 时，$FVC = 1$；当 $NDVI < 0.05$ 时，$FVC = 0$。

$$NDVI = (\rho_4 - \rho_3)/(\rho_4 + \rho_3) \tag{2-15}$$

式中：ρ_3 和 ρ_4 分别为 TM 传感器 Band3、Band4 波段地表反射率，OLI 传感器 Band4、Band5 波段地表反射率。

图 2-3 为 1988～2013 年成都市四环路范围内地表比辐射率分布图，图 2-4 为 2007～2018 年德阳市旌阳区范围内地表比辐射率分布图。1988 年一环路以内的比辐射率较低，2000 年二环路以内的比辐射率较低，2005 年三环路以内的比辐射率较低，2013 年比辐射率分布较均匀。

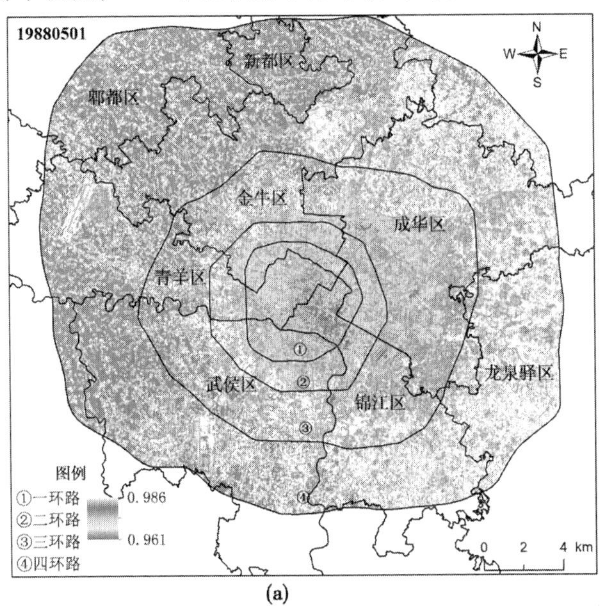

(a)

图 2-3 成都市四环路范围内地表比辐射率分布

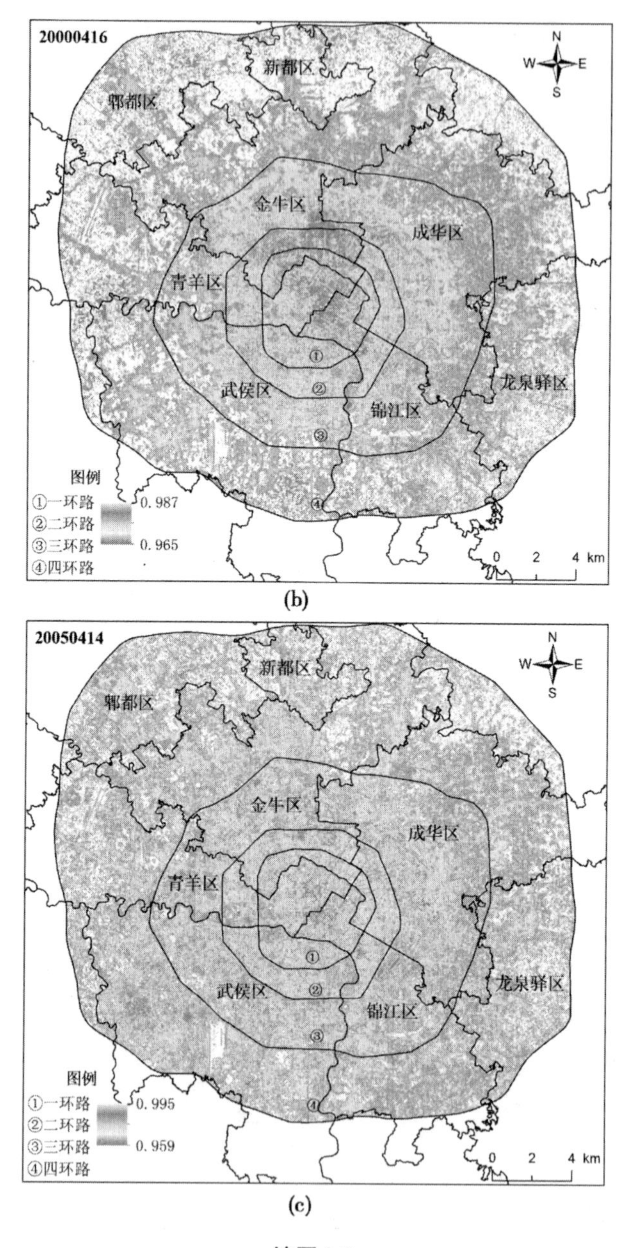
20000416
N
W
E
S
新都区
郫都区
金牛区
成华区
青羊区
龙泉驿区
武侯区
锦江区
①
②
③
④
图例
①一环路
②二环路
③三环路
④四环路
0.987
0.965
0 2 4 km
20050414
N
W
E
S
新都区
郫都区
金牛区
成华区
青羊区
龙泉驿区
武侯区
锦江区
①
②
③
④
图例
①一环路
②二环路
③三环路
④四环路
0.995
0.959
0 2 4 km
(b)

(c)

续图 2-3

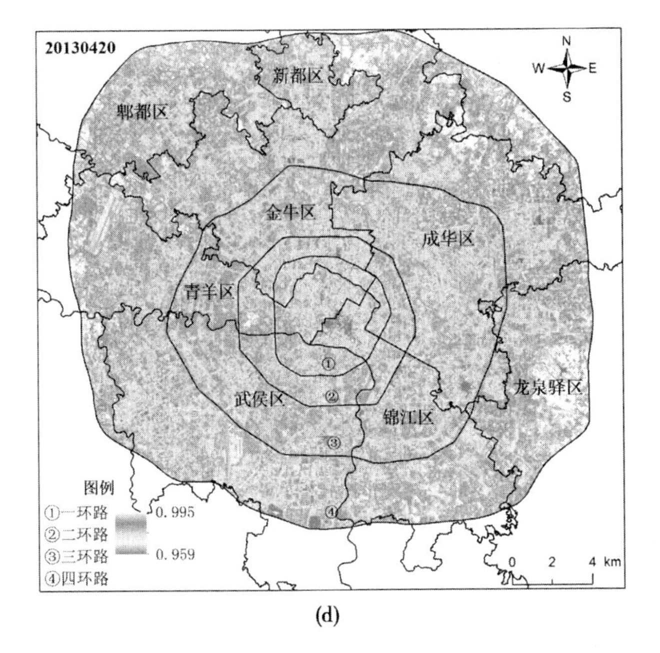

(d)

续图 2-3

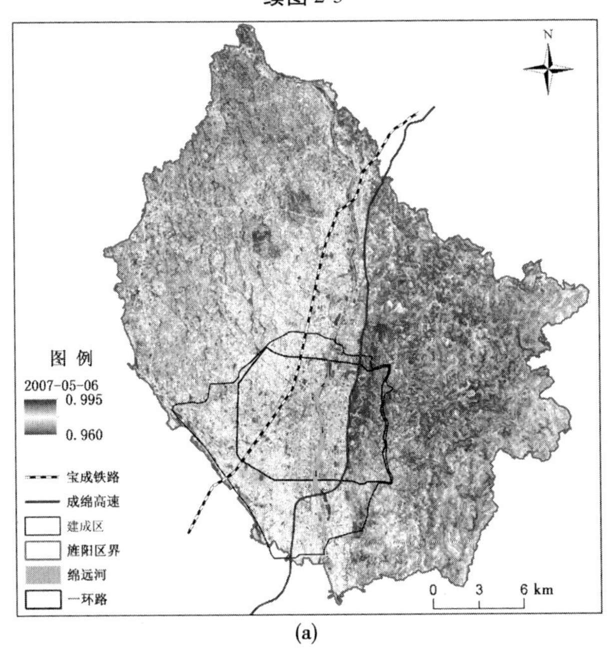

(a)

图 2-4 德阳市旌阳区范围内地表比辐射率分布

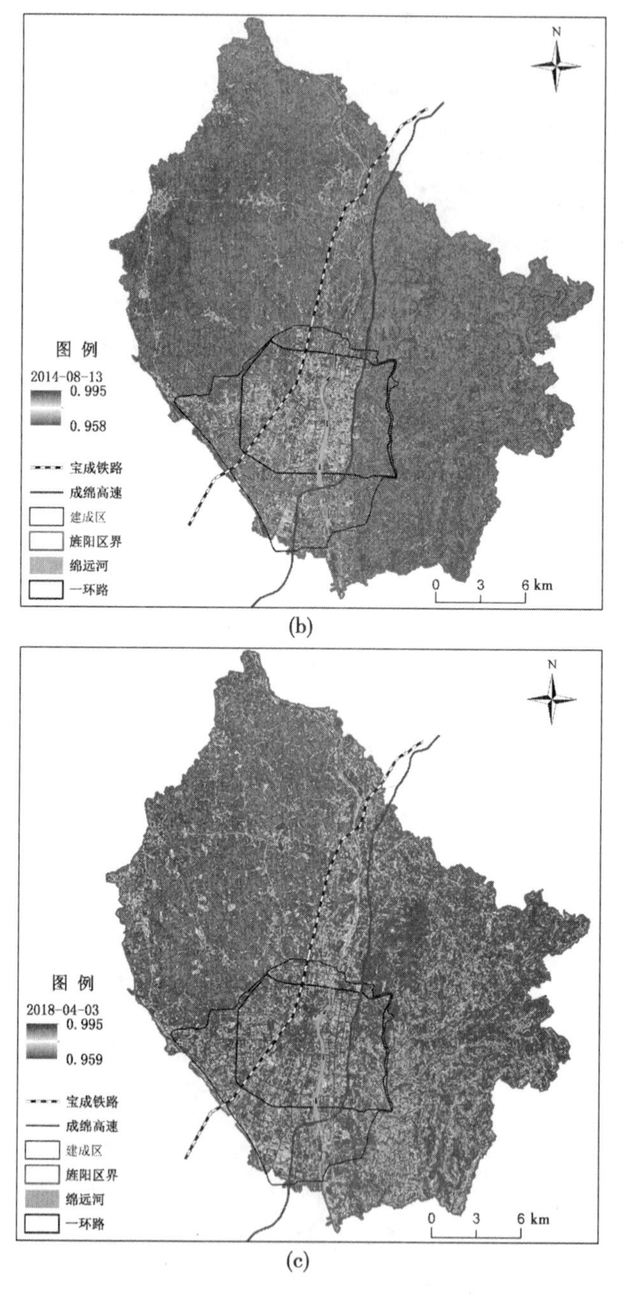
N
图 例
2014-08-13
0.995
0.958
宝成铁路
成绵高速
建成区
旌阳区界
绵远河
一环路
0 3 6 km
N
图 例
2018-04-03
0.995
0.959
宝成铁路
成绵高速
建成区
旌阳区界
绵远河
一环路
0 3 6 km
(b)

(c)

续图 2-4

2.2.4 地温反演

地温是地表物质的热红外辐射的综合定量形式,是地表热量平衡的结果。研究中涉及 Lansat - 5 TM 和 Lansat - 8 TIRS 两种不同类型的传感器,它们在反演地温时所采用的模型及相关参数的取值等都有一定的差异,TM 热红外波段的反演已经非常成熟,而 TIRS 热红外波段的反演也在不断地完善并日趋成熟。

目前,利用 Lansat - 5 TM 传感器仅有 TM6 1 个热红外波段,该波段反演地温的算法主要有:辐射传输方程法(Sebrino et al. ,2004;丁凤等,2006)、单窗算法(覃志豪等,2001;Qin et al. ,2001)和基于影像的算法(IB 算法)(Artis et al. ,1982)等。

Lansat - 8 TIRS 传感器有 TIRS10 和 TIRS11 两个热红外波段。针对上述两个波段反演地温的算法主要有 Jiménez - Muñoz 等(2014)提出的单通道算法;胡德勇等(2015)针对 TIRS10 波段采用单窗算法反演了地温,并对反演过程中的相关参数选取及反演的注意事项进行了阐述。可能由于 TIRS11 定标精度一直不理想,所以 USGS 不提倡学者们采用劈窗算法反演地温(徐涵秋,2015;Xu,2016),但是仍有学者采用了该算法进行相关研究,如 Rozenstein 等(2014)、Yu 等(2014)也对该算法精度进行了比较分析,但其分析所使用的数据不是真实数据而是模拟数据集;应用方面:蒋大林等(2015)采用单窗算法对滇池流域地温进行了反演,李瑶等(2015)采用劈窗算法反演了兰州市中心城区地温,进而分析其热岛效应空间格局,胡平应用 IB 算法(2015)反演成都市中心城区地温,以此分析成都市热岛效应。徐涵秋等(2016)、宋挺等(2015)采用交叉对比、算法对比方法对单通道算法、劈窗算法等主流算法进行了评述与分析。

2.2.4.1 辐射传输方程法

辐射传输方程法(Radiative Transfer Equation,简称 RTE 法),又称为大气校正法。该方法的基本思路是:首先根据和卫星同步的实测大气探空数据或者大气模型估计大气对地表热辐射的影响,然后从卫星传感器所观测到的热辐射总量中减去这部分大气影响,就可以得到地表热辐射强度,最后把这一热辐射强度转化为相应的地温,对于 TM6 波段而言,模型及相关参数如下:

$$I_{sensor} = [\varepsilon B(T_s) + (1 - \varepsilon) I_{atm}^{\downarrow}]\tau + I_{atm}^{\uparrow} \tag{2-16}$$

式中:I_{sensor} 为卫星高度上传感器测得的辐射强度,W/(m^2 · sr · μm);ε 为地表

辐射率;$B(T_s)$为由 Plank 定律推导得到的黑体热辐射强度,其中,T_s为地温,K;$I_{atm}^{\downarrow}$为大气下行热辐射强度;$I_{atm}^{\uparrow}$为大气上行热辐射强度;τ 为大气透射率;$I_{atm}^{\downarrow}$、$I_{atm}^{\uparrow}$和 τ 可以根据实时大气剖面探空数据进行模拟求解。

因此,针对上述模型只需要知道地表比辐射率 ε 就可以求解 $B(T_s)$,进而获得地温(Chander et al. ,2003)。

辐射传输方程法不但计算过程复杂,而且为了进行大气模拟必须提供比较精确的实时大气剖面数据,然而对于大多数研究而言,这些数据的获得是比较困难的。因此,通常 $I_{atm}^{\downarrow}$和 $I_{atm}^{\uparrow}$是用标准大气剖面数据代替实时大气剖面数据进行模拟估计。这样获得的地温误差较大(覃志豪等,2004),所以该算法在实际中的应用有限。

2.2.4.2 单通道算法

对于 TIRS10 波段,单通道算法是在其原有算法的基础上,增加了针对 Landsat－8 的大气参数,其算法如下:

$$\left.\begin{aligned} LST &= \gamma[\varepsilon^{-1}(\varphi_1 L + \varphi_2) + \varphi_3] + \delta \\ \gamma &\approx T^2/(b_\gamma L) \\ \delta &\approx T - T^2/b_\gamma \end{aligned}\right\} \tag{2-17}$$

式中:ε 为地表比辐射率,参数 b_γ 分别为:TIRS10＝1 324 K,TIRS11＝1 199 K;L 为大气顶部光谱辐射值,由式(2-2)获得;T 为反演的亮温,由式(2-11)获得;φ_1、φ_2、φ_3 为大气水汽含量 ω 的函数,其计算方法可参见文献(Jiménez-Muñoz et al. ,2014)。

2.2.4.3 单窗算法

单窗算法(Mono-window Algorithm)是覃志豪等根据地表热辐射传导方程推导出来的。它是适用于仅有一个热红外波段遥感数据的反演方法。在反演模型中,直接包含了大气和地表的影响。该算法是在假设地表辐射率、大气透射率和大气平均温度三个参数为已知的条件下完成地温的反演。一般而言,这三个参数都是可以确定的。地表比辐射率与地表构成有关,其算法已经比较成熟;大气透射率和大气平均作用温度可以根据地面附近(高程为 2 m 左右)的大气水分含量或湿度以及平均气温来估计。在大多数情况下,各地方气象观测站均有对应于卫星过境时的这个观测指标的实时数据。试验证明,该算法简单易行且反演精度较高。其反演模型如下:

$$T_s = \frac{[a(1-C-D) + b(1-C-D) + C + D]T + DT_a}{C} \tag{2-18}$$

式中：$C=\tau\varepsilon$，$D=(1-\tau)[1+\tau(1-\varepsilon)]$；$\varepsilon$ 为 TM6 或 TIRS10 地表比辐射率；τ 为 TM6 或 TIRS10 大气透射率；T 为 TM6 或 TIRS10 的辐射亮温；T_a 为大气平均作用温度；a 和 b 为回归系数，随着温度范围的变化而不同。

如对于 TIRS10 而言，在 0 ~ 50 ℃ 范围内时，$a=-62.735\ 657$，$b=0.434\ 036$；在 0 ~ 70 ℃范围内时，$a=-66.279\ 546$，$b=0.446\ 139$；对于 ε、τ、T_a 的计算，可查阅相关文献（胡德勇等，2015；蒋大林等，2015），而对于 TM6 而言，在0 ~ 70 ℃范围内时，$a_6=-67.355\ 35$，$b_6=0.458\ 61$，在 0 ~ 30 ℃范围内时，$a_6=-60.326\ 30$，$b_6=0.434\ 36$，在 20 ~ 50 ℃ 范围内时，$a_6=-67.954\ 20$，$b_6=0.459\ 87$。

2.2.4.4 基于影像的算法

Artis 等（1982）提出的基于影像的算法（IB 算法）是运用地表比辐射率对辐射亮温进行校正，使之反演成为地温，其反演模型如下：

$$T_s=\frac{T}{1+(\lambda T/\rho)\ln\varepsilon}-273.15 \tag{2-19}$$

式中：T_s 为地温，℃；T 为辐射亮温，K；λ 为有效波谱范围内的最大灵敏值，对于 TM6 波段 $\lambda=11.5\ \mu m$，对于 TIRS10 波段 $\lambda=10.9\ \mu m$；$\rho=hc/\delta=1.438\times10^{-2}$ mK，$\delta=1.38\times10^{-23}$ J/K，为玻尔兹曼常数，$h=6.626\times10^{-34}$ Js，为 Plank's 常数，$c=2.998\times10^{8}$ m/s，为光速；ε 为地表比辐射率，它可以根据植被覆盖度进行计算；273.15 为摄氏温度与开氏温度转换常数。

辐射传输方程法计算过程相对较复杂，而且该算法实现质量的好坏取决于大气廓线数据，需要获得和遥感数据同步的大气剖面参数。对于大多数研究而言，实时探空数据较为匮乏，获取难度也相对较大。虽然部分研究曾采用标准大气剖面数据或者非实时数据来代替实时大气数据。但是它们与实时探空数据间存在一定的差异，导致根据该模拟结果所反演的地温精度受到较大影响。已有研究表明：对于 TM6 数据而言，辐射传输方程法中应用标准大气剖面数据反演地温精度的误差超过 3 ℃。

单窗算法较大气校正法简单，并且去除了大气模拟误差的影响。该算法中所需参数主要包括大气透过率、大气平均作用温度、大气剖面总水汽含量等，它们可以根据近地面的气温和水汽含量等数据来估计。一般情况下，地方气象站也可以查阅卫星过境时的实时观测资料。单窗算法反演地温的误差主要来源于参数的估计。但是，对于单窗算法而言，获取时间相对久远的大气透射率和大气平均作用温度等参数比较困难。因此，该算法在实际应用的过程中也受到一定程度的制约。迄今为止，以 TM 为数据源采用单窗算法反演地温在上海（戴晓燕，2008）、北京（宫阿都等，2005；白洁等，2008）、福州（覃志豪等，2004）、济南（郑国强等，2010）等部分城市得到应用。

由于研究所选遥感影像数据年份跨度较大，卫星过境时的大气透射率和大气平均作用温度等参数较难获取，加之 Landsat－5 TM 和 Landsat－8 TIRS 使用两种不同类型的传感器，为了尽可能降低在模型上产生反演横向误差，两种传感器统一采用基于影像的算法。该算法本身的结构更简单，且综合考虑了大气状况与地表比辐射率，并将其融入模型中。该方法应用方便，避免了获取大气透过率、大气平均作用温度、大气剖面总水汽含量等参数的困扰，可执行性强。岳文泽（2008）、梁敏妍等（2011）、李琳等（2016）曾用该算法对上海市、广东省江门市、四川省成都市的城市热环境进行了研究，取得了较好的效果。

2.3 空间插值

空间插值是根据已知点的数值来计算其他点数值的过程。它将点数据转换为面数据，目的是使面数据可以采用等值线图或者三维表面的形式显示，并且可以用于空间分析或者数学模型建立。进行空间插值需要已知点和插值方法两个基本条件。空间插值有很多种方法，例如，全局插值法中的趋势面模型、回归模型；局部插值法中的泰森多边形、密度估算、距离倒数权重（*IDW*）插值、薄板样条函数（Thin－plate Splines）；克里金法（Kriging）等，对同样的数据采用不同的插值方法，插值效果存在一定的差异。

克里金法是一种用于空间插值的地统计学方法。它是用估算的预测误差来评估预测的质量。该方法源于 20 世纪 50 年代的采矿和地质工程，至今已被许多学科广泛应用。克里金法假设某种属性的空间变异既不是完全随机性也不是完全确定性的。影响空间变异的因素可能主要包括以下三种（陈健飞，2014）：表征区域变量变异的空间相关因素，表征趋势的结构或“漂移”，随机误差，对上述因素的不同解释，形成用于空间差值的不同克里金法。

克里金法用半变异测定空间相关要素，这些要素是空间自相关要素。半变异的计算公式如下：

$$\gamma(h) = \frac{1}{2}[Z(x_i) - Z(x_j)]^2 \tag{2-20}$$

式中:$\gamma(h)$代表已知点 i 和 j 之间的半变异;h 为 $Z(x_i)$、$Z(x_j)$两个点之间的距离;Z 表示属性。

拟合半变异图包括块金、变程和基台三种元素。块金是样对距离为 0 时的半变异,表示测量及分析误差或微小变异,或两者。变程是半变异开始稳定时的样对距离。超过该变程,半变异就趋于相对恒定值,此时的半变异称为总基台值,它包括块金和基台值。

克里金法包括普通克里金法、泛克里金法和简单克里金法三种基本方法。普通克里金法在相关的研究中被广泛采用。它是假设不存在漂移,重点考虑空间相关的因素,并用拟合的半变异直接进行插值。估算某测量点 Z 值的通用方程为

$$Z_0 = \sum_{i=1}^{S} Z_x W_x \tag{2-21}$$

式中:Z_0为待估计值;Z_x为 x 点的已知值;W_x为 x 点的权重;S 为用于估算的样本点数目。权重可对一组联立方程求解得到。例如,由三个已知点(1,2,3)估算未知点(0)的值时,需要联立三个方程:

$$\left.\begin{aligned}
W_1\gamma(h_{11}) + W_2\gamma(h_{12}) + W_3\gamma(h_{13}) + \lambda = \gamma(h_{10})\\
W_1\gamma(h_{21}) + W_2\gamma(h_{22}) + W_3\gamma(h_{23}) + \lambda = \gamma(h_{20})\\
W_1\gamma(h_{31}) + W_2\gamma(h_{32}) + W_3\gamma(h_{33}) + \lambda = \gamma(h_{30})\\
W_1 + W_2 + W_3 = 1.0
\end{aligned}\right\} \tag{2-22}$$

式中:$\gamma(h_{ij})$为已知点 i 和 j 之间的半变异;$\gamma(h_{i0})$为第 i 个已知点和未知点之间的半变异;λ 为引入的拉格朗日系数,以确保估算误差最小。

计算出权重后即可估算 Z_0。

$$Z_0 = Z_1W_1 + Z_2W_2 + Z_3W_3 \tag{2-23}$$

2.4 景观指数选取

将景观生态学理论引入城市热环境的研究中。构建热力景观格局指数对城市热场的空间分布特征进行分析。景观生态学中的景观格局是指形状和大小不同的景观斑块在空间上的分布和表现。土地利用/覆被方式是景观格局的主要决定因素。城市景观多是人为创造,破碎度较大,自然生态功能严重受损。其功能也主要是为人类提供生产与生活的场所。对于景观格局特征描述的方法主要包括两种,景观空间格局指数法和空间统计法,其中景观格局指数

可以高度概括区域景观格局信息，反映其结构组成和空间分布特征的定量化指标体系（马安青等，2002）。因此，可以采用定量的方法表征生态过程与空间格局的内在关联。此外，景观空间格局指数法还可以进行景观格局分析与功能评价。

景观空间格局指数包括两部分：景观单元特征指数和景观异质性指数（landscape heterogeneity index）（傅伯杰等，2001）。目前，学者提出的景观格局指数有百种之多（Turner et al. , 2001），不同的景观格局指数具有不同的生态学意义，可以通过不同软件获得。由于 Fragstats 软件具有界面友好、操纵简单等特点，众多学者选择应用该软件计算景观格局指数。Fragstats 软件是由美国俄勒冈州立大学森林科学系开发（邬建国，2000）。有矢量和栅格两种版本，其中矢量版本在 ARC/INFO 环境中运行，接收 ARC/INFO 矢量图层；栅格版本可以接收 ARC/INFO、IDRISI、ERDAS 等多种栅格数据。本书中涉及的景观格局指数将利用 Fragstats3. 3 计算获得。

通过对众多景观格局指数生态意义的研究和分析，同时结合已有研究成果（傅伯杰，2001；张慧，2007；金蓉，2009；黄聚聪，2011）以及本书研究目的，选取 8 个景观格局指数作为评价指标，其中景观单元特征指数 4 个，分别是斑块数量 NP、斑块类型面积 CA、斑块平均面积 MPS、斑块形状指数；景观异质性指数 4 个，分别是破碎度指数 C、多样性指数 $SHDI$、均匀度指数 $SHEI$ 和优势度指数。

（1）斑块数量（Number of Patches，NP）

$$NP = n_i \tag{2-24}$$

式中：NP 为景观中某一斑块类型的斑块总个数，$n_i \geqslant 1$。

生态意义：NP 反映景观格局的空间结构，被用于描述整个景观的异质性，它的大小与景观破碎度有很好的正相关性。

（2）斑块类型面积（Class Area，CA）

$$CA = \frac{1}{10\ 000} \times \sum_{j=1}^{n} a_{ij} \tag{2-25}$$

式中：CA 为某一斑块类型的总面积，hm^2，$CA > 0$；a_{ij} 为第 i 类景观的第 j 个斑块的面积，m^2；10 000 为 m^2 与 hm^2 之间的转换系数。

生态意义：CA 是计算其他指标的基础。斑块类型面积的大小可以刻画出其间养分、物种和能量等信息流的差异（肖笃宁等，1998）。

（3）斑块平均面积（Average Patch Area）：

$$\overline{A}_i = \frac{1}{N_i}\sum_{j=1}^{N_i} a_{ij} \tag{2-26}$$

式中:N_i为第 i 类景观的斑块总数;a_{ij}为第 i 类景观的第 j 个斑块的面积。

生态意义:$\overline{A}_i$ 反映景观中各斑块类型的聚集或破碎化程度,也可用于指示景观中各类型之间的差异。

(4)斑块形状指数(shape index)

$$D_i = \frac{p_i}{4\sqrt{A_i}} \tag{2-27}$$

式中:D_i 为第 i 类斑块的形状指数;p_i为第 i 类斑块的周长;A_i为第 i 类斑块的面积。此公式是以正方形为参照物。

生态意义:D_i 是反映斑块边界的复杂程度或扁长程度。

(5)破碎度指数(Fragmentation Index)

$$C = \frac{\sum N_i}{A} \tag{2-28}$$

式中:A 为区域总面积;$\sum N_i$ 为景观中所有景观类型总斑块数。

生态意义:破碎度指数表征景观被分割的破碎程度,它可以表达景观空间结构的复杂性以及景观结构受人类影响的程度。景观破碎度指数越大,说明景观要素被分割的程度越大,同时表明人类活动对景观结构影响的程度越大。

2.5 *NDVI* 与 *RVI* 反演结果比对分析

长期以来,*NDVI* 一直被用于植被研究和植被物候研究。因为它可以消除大部分与太阳天顶角、仪器定标和大气引起的与辐照度有关的变化,是遥感估算植被覆盖度状况及空间分布的最佳指示因子(李苗苗,2003),模型如式(2-15)所示。比值植被指数(Ratio Vegetation Index,RVI)能充分刻画植被在近红外波段和红色波段反射率的差异,同时可以增强植被与土壤背景之间的辐射差异,是植被长势和丰度估算的主要手段之一,但是它对大气状况反应很敏感,当植被覆盖度小于 50% 时分辨能力下降显著。该算法模型如式(2-29)所示:

$$RVI = NIR/R \tag{2-29}$$

式中:*NIR* 为近红外波段(TM 是 band 4,OLI 是 band 5);*R* 为红光波段(TM 是 band 3,OLI 是 band 4)。

RVI 值大于 1,表示绿色健康植被覆盖地区;若无植被覆盖的地表,其 *RVI* 值在 1 附近;比值大于 2 则代表植被覆盖率高。

2.5.1 整体差异性分析

以德阳市旌阳区为试验区对二者整体差异性进行对比分析,利用 2007 年 5 月 6 日、2014 年 8 月 13 日和 2018 年 4 月 3 日三个时期影像数据完成辐射定标和大气校正,然后按照 *NDVI* 和 *RVI* 模型分别完成各自植被指数计算,结果如图 2-5、图 2-6 所示。图 2-5 是 *NDVI* 反演结果,由于研究区范围内有绵远河和大量零散水体,反演结果中存在 *NDVI* 小于 0 的情况。在 ArcGIS 软件中将 *DN* 值小于 0 的进行统一处理。因此,2007 年 *NDVI* 值域为 0 ~ 0.59,2014 年 *NDVI* 值域为 0 ~ 0.72,2018 年 *NDVI* 值域为 0 ~ 0.68。图 2-6 是 *RVI* 反演结果,2007 年 *RVI* 值域为 0.89 ~ 2.86,2014 年 *RVI* 值域为 0.97 ~ 6.12,2018 年 *RVI* 值域为 0.93 ~ 5.22。

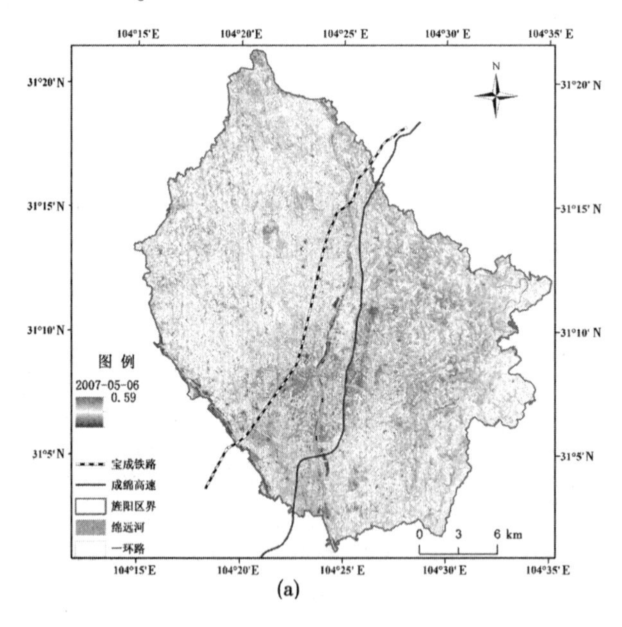

(a)

图 2-5 *NDVI* 反演结果

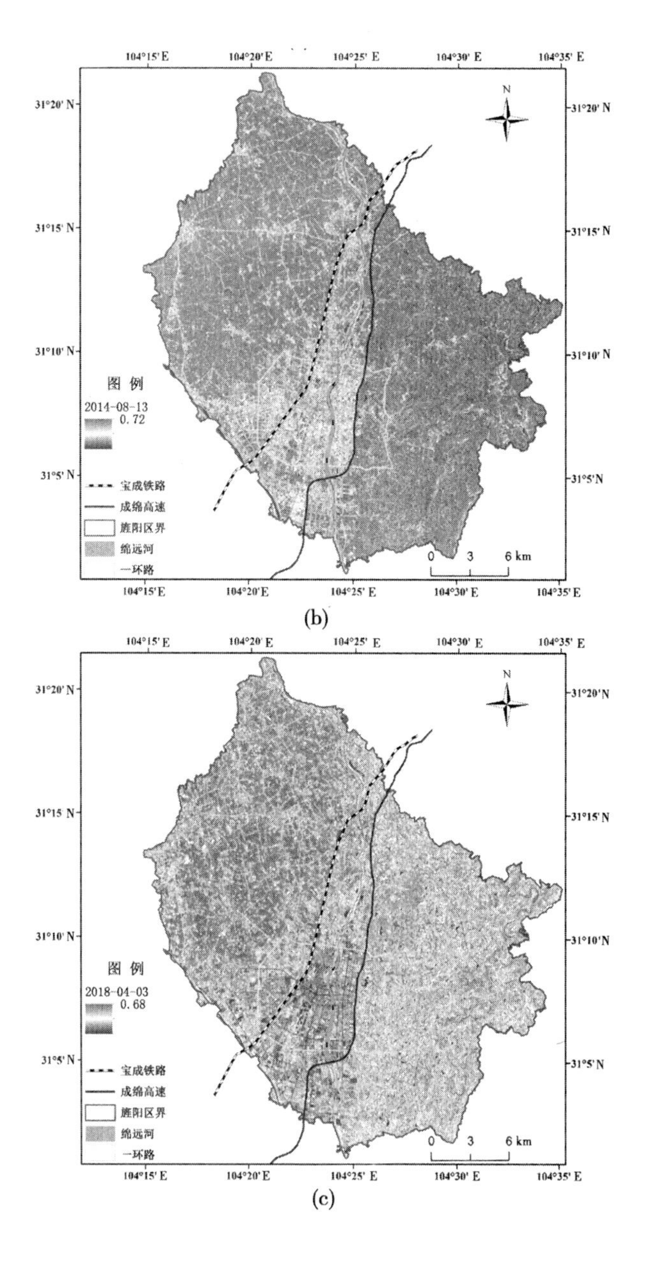

104°15′ E
104°20′ E
104°25′ E
104°30′ E
104°35′ E
31°20′ N
31°15′ N
31°10′ N
31°5′ N
N
图 例
2014-08-13
0.72
宝成铁路
成绵高速
旌阳区界
绵远河
一环路
0 3 6 km
(b)
104°15′ E
104°20′ E
104°25′ E
104°30′ E
104°35′ E
31°20′ N
31°15′ N
31°10′ N
31°5′ N
N
图 例
2018-04-03
0.68
宝成铁路
成绵高速
旌阳区界
绵远河
一环路
0 3 6 km
(c)

续图 2-5

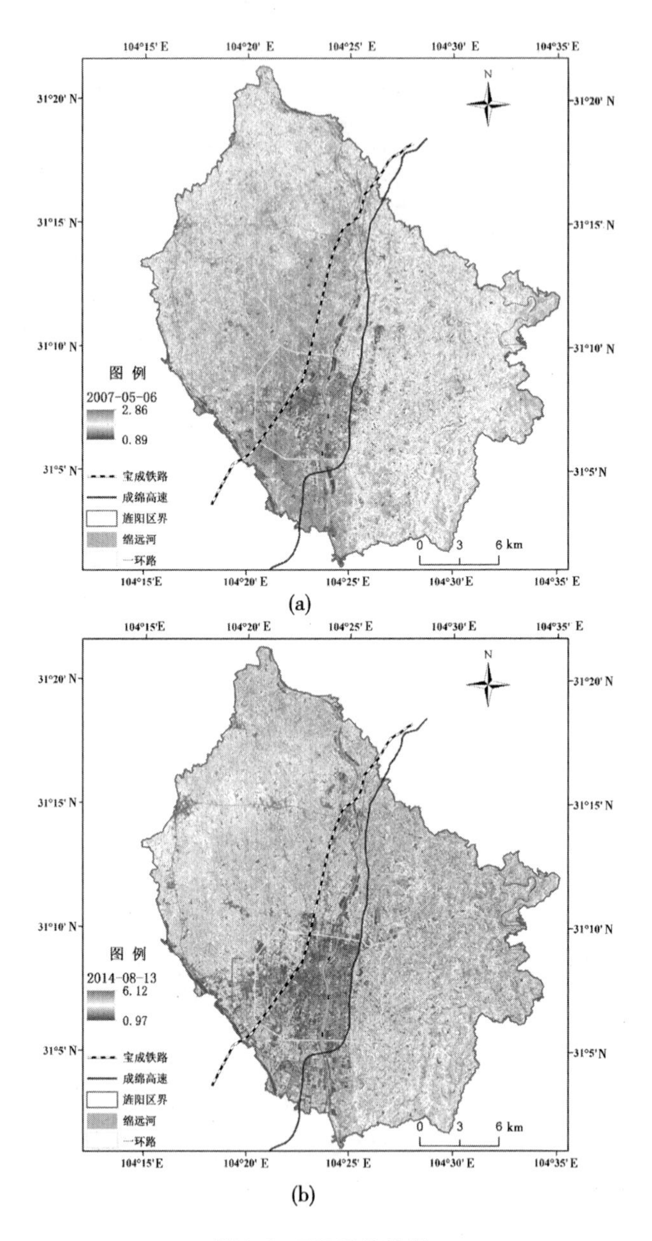

(a)

(b)

图 2-6　*RVI* 反演结果

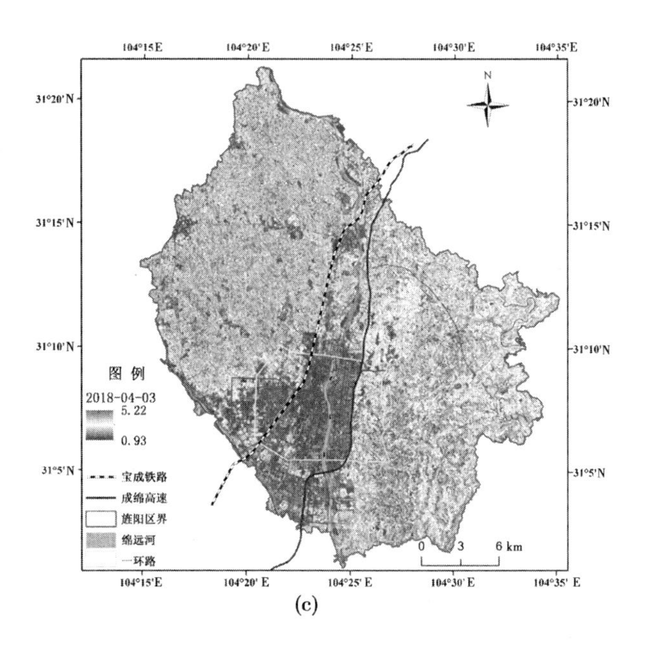

(c)

续图 2-6

整体而言,两种植被指数在三个年份都能直观地反映旌阳区的植被覆盖状况,两个模型所刻画出来的趋势基本一致。3 个年份中一环路以内植被覆盖状况均最差。

2007 年,两种模型均反映出旌阳区的整体植被覆盖状况较差,若以宝成铁路为分界线,宝成铁路东南侧植被覆盖状况优于西北侧。一环路以内的植被覆盖状况与一环路以外差异不明显。2014 年,*NDVI* 刻画出来的宝成铁路西北侧与东南侧植被覆盖状况很接近,较难区分哪个区域的覆盖状况更好,只是一环路以内等少数区域出现大面积的低植被覆盖。而 *RVI* 反映出宝成铁路东南侧的植被覆盖状况优于西北侧,显示一环路以内等少数区域同样出现大面积的低植被覆盖。2018 年,两个模型刻画出来的宝成铁路西北侧的植被覆盖状况明显优于宝成铁路东南侧。*NDVI* 反映出宝成铁路西北侧的植被覆盖状况均较好,只有零星的低植被覆盖坠块存在,而 *RVI* 反映出该区域有显著的面状低植被覆盖区域,这是二者在这个年份的显著区别。

2.5.2 内部结构差异性分析

考虑到德阳市一环路以内的建成区和旌阳区南面、北面植被覆盖状况差异显著,从北向南设计剖面线 *PM*(具体位置见图 2-7)。利用 ArcGIS 软件的空间分析功能，以剖面线为参照做掩膜处理，提取 2007 年、2014 年、2018 年三个时段两个模型剖面线经过区域的植被指数值，然后在 Matlab 中绘制两个模型的植被指数与像元 *DN* 值曲线（见图 2-8）。

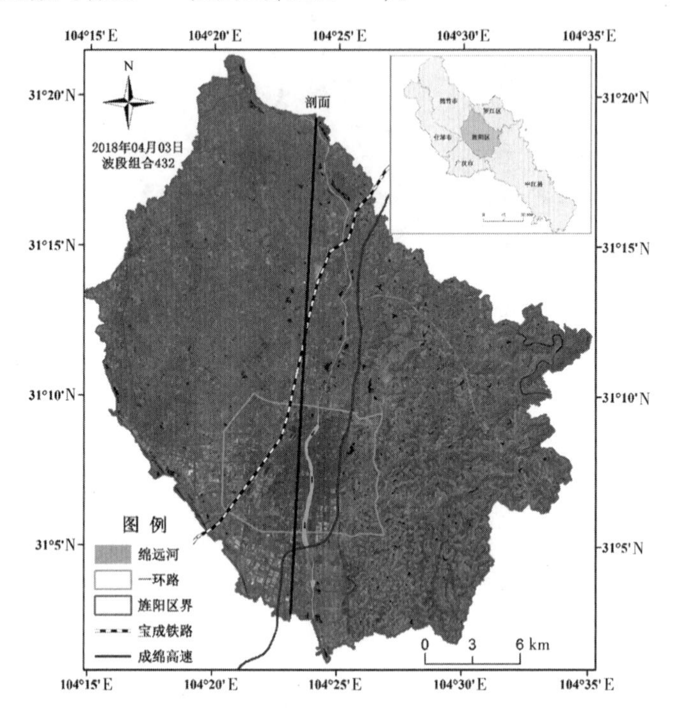

图 2-7　剖面位置

通过剖面线在两个模型中分别提取 1 074 个像元对应的植被指数。一环路以内植被指数均较小，表明该区域植被覆盖较差。对比三个年份的 *NDVI* 值和 *RVI* 值，发现当 *NDVI* 值较大（0. 5 左右）时，*RVI* 值更大，且曲线的波动变化非常显著，这个现象在 2014 年和 2018 年的剖面数据中前 600 个像元也得到很好的体现；当 *NDVI* 值较小（0. 2 左右）时，*RVI* 值波动变化不明显或没有波动变化，甚至很多情况下 *RVI* 值在 1 附近，表明这些区域无植被覆盖，这与 *NDVI* 反演结果不一致，这种现象在 2007 年表现得最为突出。

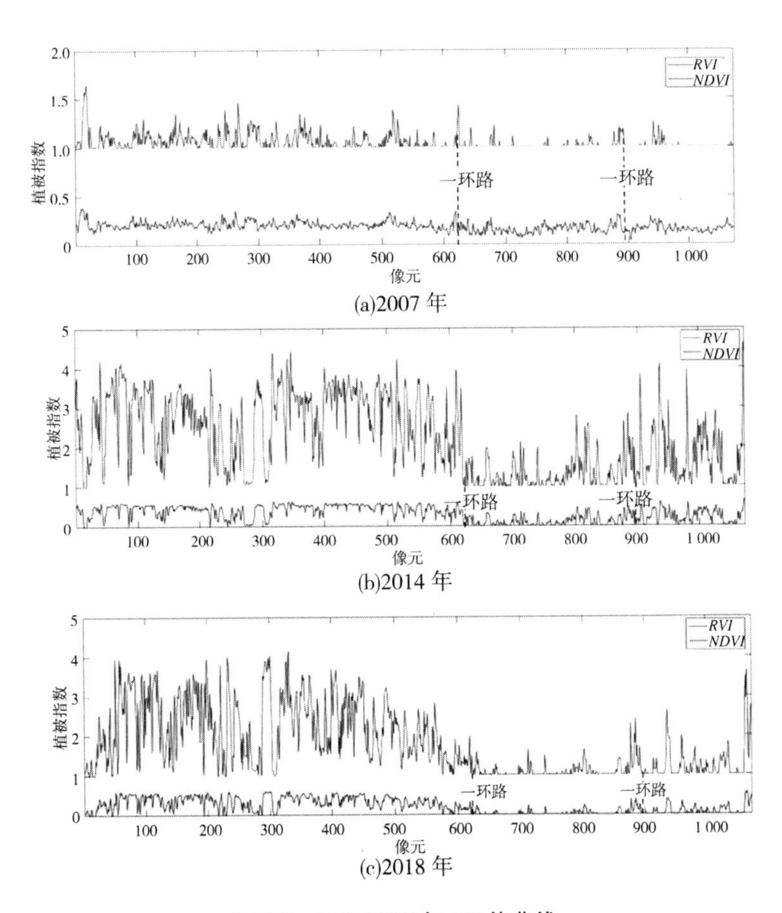

图 2-8　*RVI*、*NDVI* 与 *DN* 值曲线

第 3 章　城市热环境时空分布与演化

3.1　成都市热环境特征分析

3.1.1　城市热场空间格局

根据前述方法完成地温反演,成都市 1988 年 5 月 1 日、2000 年 4 月 16 日、2005 年 4 月 14 日和 2013 年 4 月 20 日 4 个年份四环路以内的城市热场空间格局如图 3-1 所示。整体而言,1988 ~ 2013 年成都市热场变化显著。4 个时段高低温差较大,1988 年最低温为 22.70 ℃,最高温为 39.89 ℃;2000 年最低温为 17.72 ℃,最高温为 34.95 ℃;2005 年最低温为 8.44 ℃,最高温为 37.70 ℃;2013 年最低温为 5.74 ℃,最高温为 32.43 ℃。1988 年热场中高温区域集中分布在一环路以内,以及成华区一环路至三环路之间的大部分,锦江区的一环路至三环路之间的温度也明显高于其他区域,三环路以外区域温度较低,只有极少的高温区域和零星的高温缀块出现;2000 年一环路以内的高温现象有所缓解,同时高温逐渐向外扩展,已经占领了二环路的绝大部分,对比发现变化比较明显的是金牛区、青羊区和武侯区,三环路至四环路之间区域温度仍然较低,由二环路向外辐射出多条条带状高温区域,整体构成"螃蟹状";2005 年二环路以内的高温区域进一步减少,并且高温区域向外已经扩展到三环路以外,尤其是武侯区二环路以内的区域,温度明显低于二环路以外,锦江区整体温度呈现明显的下降趋势,金牛区和青羊区三环路至四环路区域地温明显升高;2013 年成都市三环路以内基本成功逃离高温统治,仅有少数面状的高温区和高温缀块,而三环路至四环路大部分区域已经被高温霸占。高温区主要集中在成华区二环路以外,武侯区三环路至四环路间,金牛区与郫都区、新都区交界处。锦江区、青羊区以及龙泉驿区四环路附近则是明显的低温区域。

针对图 3-1 的城市热场数据,利用 ArcGIS 软件提取 4 个年份在一环路以内、一环路至二环路间、二环路至三环路间和三环路至四环路间的热场数据,然后统计每个年份在上述 4 个区域的地表平均温度(简称平均温度)并绘制平均温度变化曲线,如图 3-2 所示。4 个年份中三环路至四环路区域平均温度

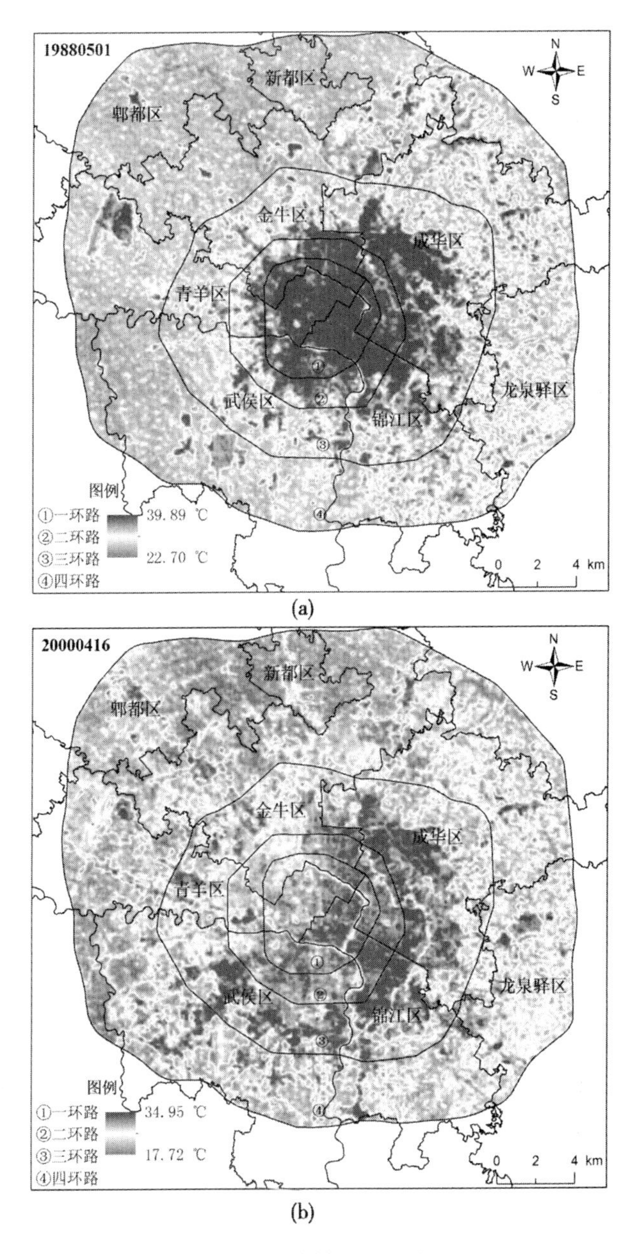

图 3-1 城市热场空间格局

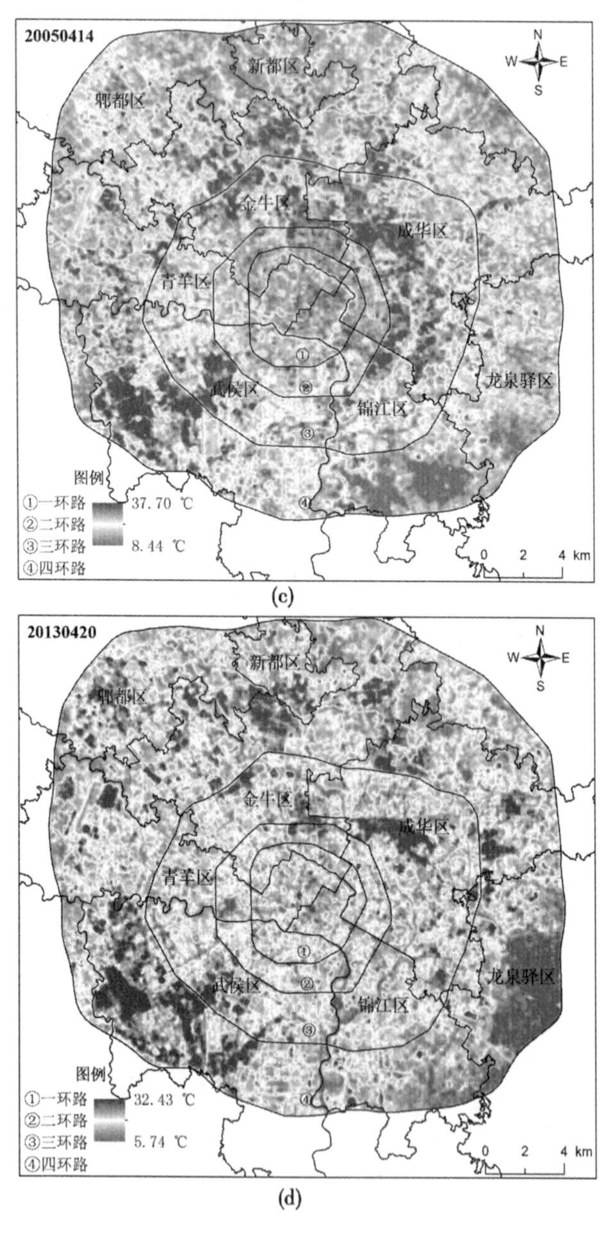

(c)

(d)

续图 3-1

都最低。1988 年从一环路以内到三环路至四环路区域平均温度呈直线式下降,且直线斜率较大;2000 年一环路以内平均温度值为 24.99 ℃,一环路至二环路间平均温度值为 25.00 ℃,两个值大小基本相同,二环路以外两个区域温度逐渐下降;2005 年从一环路以内到三环路至四环路区域平均温度呈下降趋势,一环路以内到二环路至三环路间下降非常缓慢,统计数据显示它们只相差 0.4 ℃左右,仍是一环路以内区域温度最高,三环路至四环路区域温度下降明显;2013 年从一环路以内到三环路至四环路区域平均温度呈波浪式变化,经历了先减小后增大再减小的变化过程,变化幅度较小,其中最大值出现在一环路以内,与平均温度第二高的二环路至三环路区域相差 0.1 ℃。

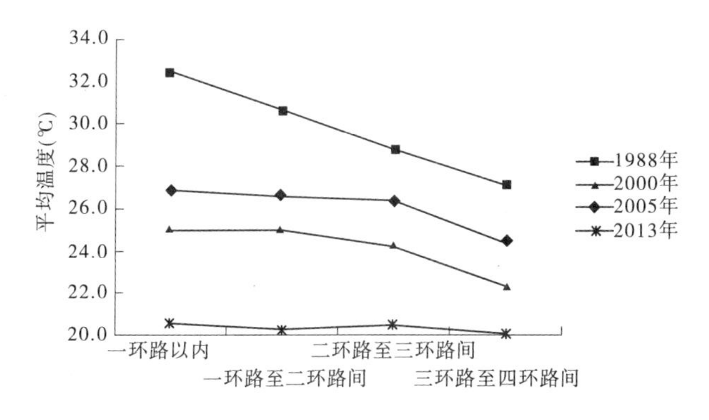

图 3-2 *LST* 变化曲线

成都市热环境状况不同于其他城市。由于其特殊的地理位置,四周地势高、中间较低,导致热量不容易扩散而容易形成城市热岛效应。1988 年左右由于大量工厂集中在一环路区域,所以该时期主城区地温显著高于周边区域,热岛效应明显,随着城市“摊大饼”式的发展导致高温区逐渐向外扩展,2005 年伴随城市功能区的重新划分和完善,温度较高的区域转移到三环路至四环路间,这时热岛中心已经由单中心发展为多中心。热岛区的面积没有显著增加或减少。另外,1988 年和 2000 年城市热岛中高温区主要呈面状分布,而 2005 年开始随着热力景观斑块破碎度的增大,主要呈缀块状分布,人为因素干扰增强。城市人口逐步由市中心向郊区迁移也是导致高温区外迁的重要因素。

3.1.2 热场内部结构分析

3.1.2.1 剖面位置的选择

众多研究表明,城市的热场分布具有自相似性,存在分形特征,本书研究基于剖面线法,对一维数据序列进行分形分析。以 TM、TIRS 遥感影像反演所得地温数据为基础,选择热场剖面为研究对象,对热场的内部结构特征进行深入分析。根据成都市热图像的特点和所覆盖的范围,考虑到剖面线应尽量经过典型区域,做西东(W→E)方向、北南(N→S)方向、北西南东(NW→SE)方向和北东南西(NE→SW)方向4条剖面线(见图3-3)。W→E剖面线由西至东经过的典型区域包括成都武侯外国语学校、清水河、青羊宫、人民公园、市政府、成都同仁医院、成都东方职业学校和东风渠等;N→S剖面线由北至南经过的典型区域包括东风渠、沙河、城北客运中心、锦江、成都军区机关医院、成都体育中心、天府广场、成都信息工程学院和省博物馆等;NW→SE剖面线由北西至南东经过的典型区域包括金牛乡友谊小学、金牛体育中心、成都恒博医院、成都电子机械高等专科学校、省皮肤病医院、市政府、府河、沙河和幸福梅林等;NE→SW剖面线由北东至南西经过的典型区域包括成都大熊猫繁育基地、石岭公墓南园、成都交通医院、锦江、省机关事务管理局、省司法厅、天府广场、锦江、西南民族学院和太平寺等。

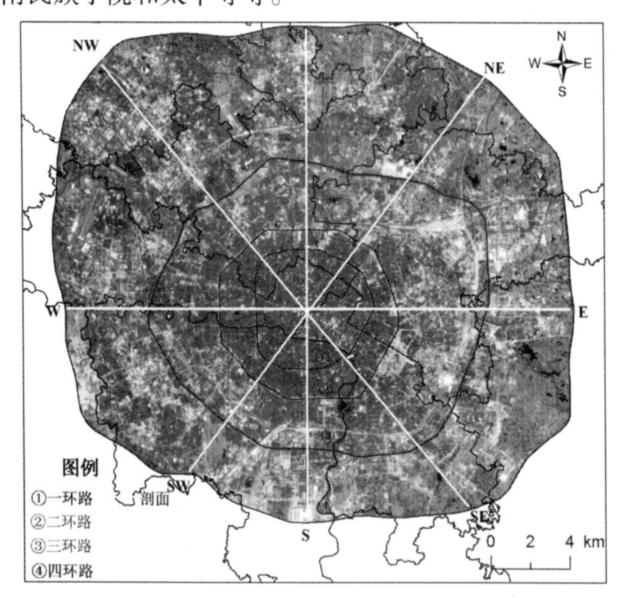

注:底图为2013年Landsat 8遥感影像,波段组合5、4、3。

图3-3 剖面位置

3.1.2.2 热场内部地温变化

分别针对1988年5月1日、2000年4月16日、2005年4月14日和2013年4月20日共4个时相地温数据,按照如图3-3所示W→E、N→S、NW→SE、NE→SW4个剖面位置提取地温数据,利用Matlab软件绘制上述各年份的4个剖面地温变化曲线结果如图3-4~图3-7所示。为加强数据之间的可比性,将同一剖面4个年份的数据绘制在一个坐标系内,使用不同颜色曲线加以区分。4幅剖面图均反映出,在四环路以内地温“峰值”和“谷值”相间出现,同时伴有“悬崖”和“陡壁”。由此表明,城市下垫面性质、人口密度和城市功能分区等因素的差异,导致地温亦存在较大差异(Weng et al.,2001;朱佩娟等,2010)。1988 年,二环路以内区域地温与二环路以外区域地温差异明显程度高于另外 3 个年份。

如 W→E 剖面图(见图 3-4)所示,1988 年三环路西至四环路东区域内地温明显高于另外 3 个年份,2013 年地温整体最低,另外两个年份地温比较接近。其中,1988 年二环路以内区域地温明显高于二环路以外,西二环路至西四环路大部分区域温度在 25 ℃附近变化,但变化幅度较小,整体温度偏低,东二环路至东四环路地温变化幅度比西二环路至西四环路大,存在明显的峰值和谷值。2000 年和 2005 年的变化趋势基本相同,一环路以内区域地温总体高于一环路以外,2013 年整个剖面方向上地温变化不大,2000 年、2005 年和 2013 年 3 个年份在成都武侯外国语学校(图 3-4 中①所示)出现峰值,2005 年值最大,达到 29.7 ℃,1988 年、2000 年和 2005 年 3 个年份在成都东方职业学校(图 3-4 中⑧所示)出现峰值,1988 年值最大,达到 39.88 ℃,在清水河(图 3-4中②、③所示)、人民公园(图 3-4 中⑤所示)出现谷值。由此说明,水体和绿地具有较低温度,能起到良好的降温效果。

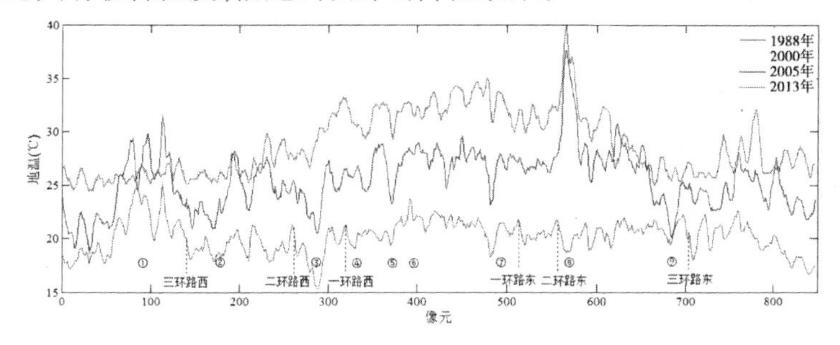

①—成都武侯外国语学校;②、③—清水河;④—青羊宫;
⑤—人民公园;⑥—市政府;⑦—成都同仁医院;⑧—成都东方职业学校;⑨—东风渠

图 3-4 W→E 剖面 *LST* 变化曲线

N→S 剖面图(见图 3-5)反映出,在该方向上 4 个年份地温整体由高到低依次是 1988 年、2005 年、2000 年和 2013 年。北三环路至北四环路区域内,2005 年地温变化最剧烈,1988 年变化最缓和。另外,1988 年二环路以内的地温明显高于二环路以外区域,北二环路至北四环路大部分区域温度略高于 25 ℃,变化幅度较小,整体温度偏低,南二环路至南四环路地温变化幅度比北二环路至北四环路大,在东风渠(图 3-5 中②所示)、沙河(图 3-5 中③所示)出现明显的谷值。2013 年整个剖面方向上地温变化不大,整体地温偏低。2000

年、2005 年和 2013 年 3 个年份在郑家院子(图 3-5 中①所示)出现峰值,2005 年值最大,达到 28.5 ℃。二环路以内区域整体温度普遍较高,尤其是 1988 年温度基本都在 30 ℃以上。二环路北附近的城北客运中心(图 3-5 中④所示)在各个年均表现出较高温度,锦江(图 3-5 中⑤所示)和成都信息工程学院(图 3-5 中⑨所示)温度较低,而一环路以内的成都军区机关医院(图 3-5 中⑥所示)、成都体育中心(图 3-5 中⑦所示)、天府广场(图 3-5 中⑧所示)明显高于其他区域。

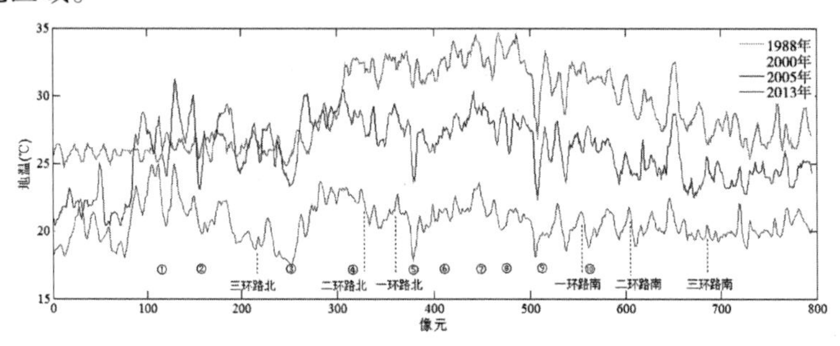

①—郑家院子;②—东风渠;③—沙河;④—城北客运中心;⑤—锦江;
⑥—成都军区机关医院;⑦—成都体育中心;⑧—天府广场;⑨—成都信息工程学院;⑩—省博物馆

图 3-5　N→S 剖面 *LST* 变化曲线

NW→SE 剖面图(见图 3-6)反映出,在该方向上 4 个年份地温整体由高到低依次是 1988 年、2005 年、2000 年和 2013 年。1988 年二环路以内与二环路以外地温值差异较大。1988 年和 2005 年地温变化较大,2000 年和 2013 年地温变化较小。1988 年在珠江路上街(图 3-6 中①所示)最高,达到 34.5 ℃。金牛体育中心(图 3-6 中③所示)地温普遍高于四周,除 2005 年成都电子机械高等专科学校(图 3-6 中⑤所示)地温较高外,其余 3 个年份地温均较低;省皮肤病医院(图 3-6 中⑥所示)、市政府(图 3-6 中⑦所示)地温较高;而府河(图 3-6 中⑧所示)、沙河(图 3-6 中⑨所示)仍然表现出较低温度;幸福梅林(图 3-6 中⑩所示)在各年份地温值也较低。

NE→SW 剖面图(见图 3-7)反映出,在该方向上 4 个年份地温整体由高到低依次是 1988 年、2005 年、2000 年和 2013 年。2013 年地温值变化较小,其余 3 个年份变化较大。成都大熊猫繁育基地(图 3-7 中①所示)、石岭公墓南园(图 3-7 中②所示)呈现较低温度,成都交通医院(图 3-7 中③所示)地温值较高,一环路以内的省机关事务管理局(图 3-7 中⑤所示)、省司法厅(图 3-7 中⑥所示)、天府广场(图 3-7 中⑦所示)在 4 个年份里温度都较高,尤其是 1988 年地温值显著高于另外 3 个年份,不同位置的锦江(图 3-7 中④、⑧所

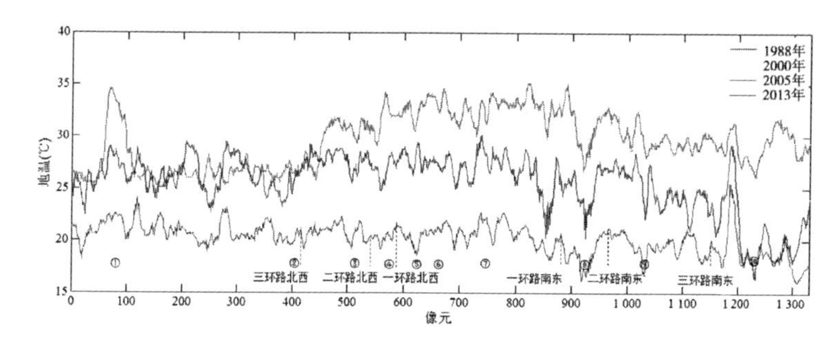

①—珠江路上街;②—金牛乡友谊小学;③—金牛体育中心;④—成都恒博医院;⑤—成都电子机械高等专科学校;⑥—省皮肤病医院;⑦—市政府;⑧—府河;⑨—沙河;⑩—幸福梅林

图 3-6　NW→SE 剖面 *LST* 变化曲线

示)都表现出较低温度,太平寺(图 3-7 中⑩所示)在 1988 年呈现出较高温度,而在另外 3 个年份则表现出较低温度。

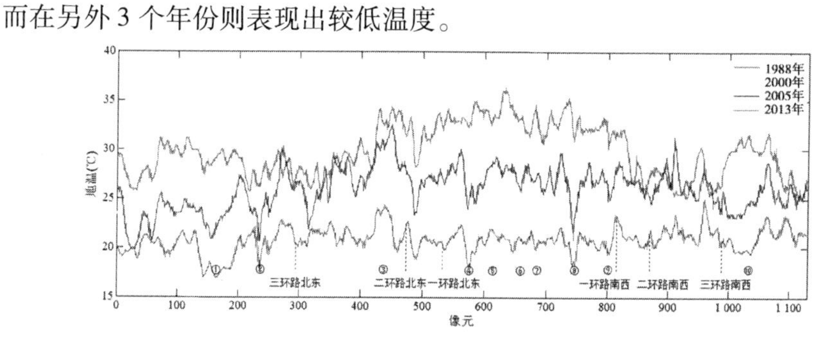

①—成都大熊猫繁育基地;②—石岭公墓南园;③—成都交通医院;④—锦江;⑤—省机关事务管理局;⑥—省司法厅;⑦—天府广场;⑧—锦江;⑨—西南民族学院;⑩—太平寺

图 3-7　NE→SW 剖面 *LST* 变化曲线

3.1.3　热力景观类型分析

热力景观类型划分的实质是界定不同类型的温度范围。本部分借鉴城市热岛分级的理论和方法进行热力景观类型的划分。目前,城市热岛分级的方法主要有两种:等间距法(张勇等,2006;王天星等,2009)和均值 - 标准差法(陈松林等,2009)。等间距法是将地温根据某一规则进行硬分级(Hafner et al.,1999;周红妹等,2001;徐涵秋等,2003;张兆明等,2006),这种方法虽然可以反映地温的空间分布,但是在确定最佳分割点及分级数时主观性很大,而且不同的分割点和分级数得到的城市热岛结构也不尽相同,这将给相关研究带来极大的不确定性;然而兼顾了均值和标准差则以二者的规律组合来划分温度等级的均值 - 标准差法则可以较好地解决上述问题(张金区,2006)。应用均值－标准差进行热力景观类型划分的具体方法见表 3-1。它可将热力景观类型划分为 4 类、5 类或 6 类。

表 3-1 均值－标准差法划分热力景观类型(据陈松林等修改,2009)

温度等级	热力景观类型划分					
	4 类		5 类		6 类	
特高温	—	—	—	—	Ⅰ	$T_s > \mu + std$
高温	Ⅰ	$T_s > \mu + std$	Ⅰ	$T_s > \mu + std$	Ⅱ	$\mu + 0.5std < T_s \leqslant \mu + std$
次高温	Ⅱ	$\mu < T_s \leqslant \mu + std$	Ⅱ	$\mu + 0.5std < T_s \leqslant \mu + std$	Ⅲ	$\mu < T_s \leqslant \mu + 0.5std$
中温	Ⅲ	$\mu - std \leqslant T_s \leqslant \mu$	Ⅲ	$\mu - 0.5std \leqslant T_s \leqslant \mu + 0.5std$	Ⅳ	$\mu - 0.5std \leqslant T_s \leqslant \mu$
次低温	—	—	Ⅳ	$\mu - std \leqslant T_s < \mu - 0.5std$	Ⅴ	$\mu - std \leqslant T_s < \mu - 0.5std$
低温	Ⅳ	$T_s < \mu - std$	Ⅴ	$T_s < \mu - std$	Ⅵ	$T_s < \mu - std$

注:表中 T_s 为地温,μ 为研究区地温平均值,std 为标准差。

根据反演所得 4 个年份地温数据(见图 3-1),采用均值－标准差法将热力景观划分为 6 种类型,结果如图 3-8 所示。同时,将 4 个年份不同热力景观类型面积及所占比例统计于表 3-2 中。1988 年,特高温、高温区主要集中在二环路以内,以及二环路至三环路间的成华区和锦江区,其余位置普遍较低;2000 年特高温与高温区范围迅速扩大,几乎占满整个三环路以内,二环路以内的部分区域温度有所下降,从二环路至四环路出现了一些带状的高温热力廊道;2005 年高温区面积进一步扩大,青羊区、金牛区和武侯区大部分面积也

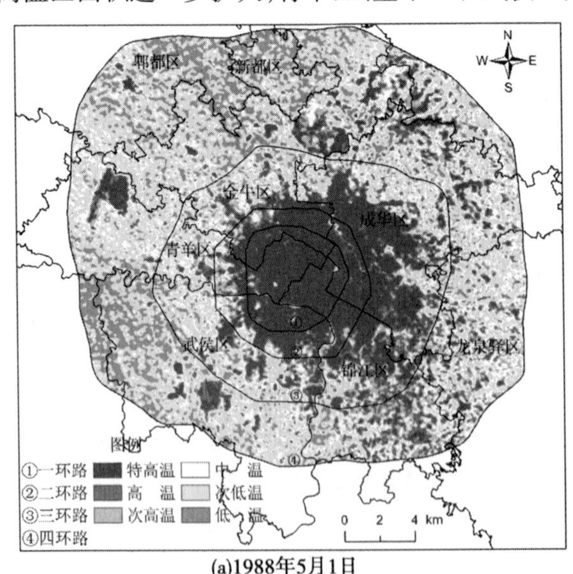

(a)1988年5月1日

图 3-8 热力景观类型分布

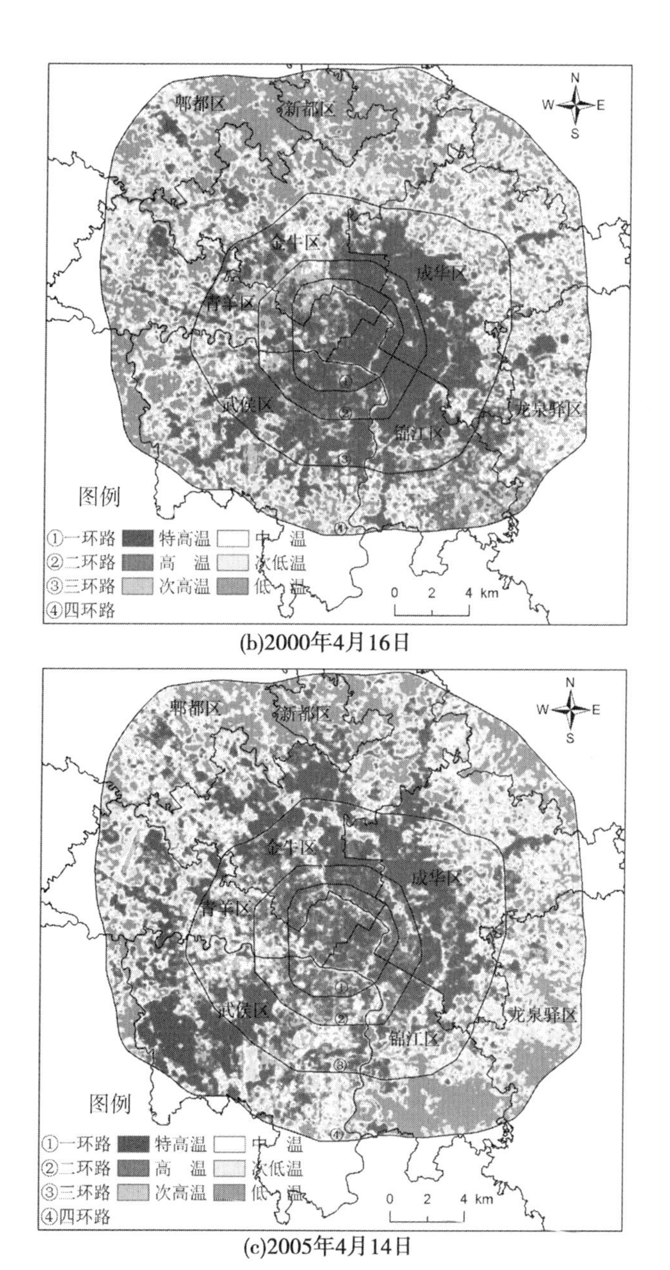

(b)2000年4月16日

(c)2005年4月14日

续图 3-8

被高温占领,二环路以内的高温面积则进一步减少;2013 年高温区已经扩散到二环路至四环路间,二环路以内区域的高温现状基本得到改善,此时的高温

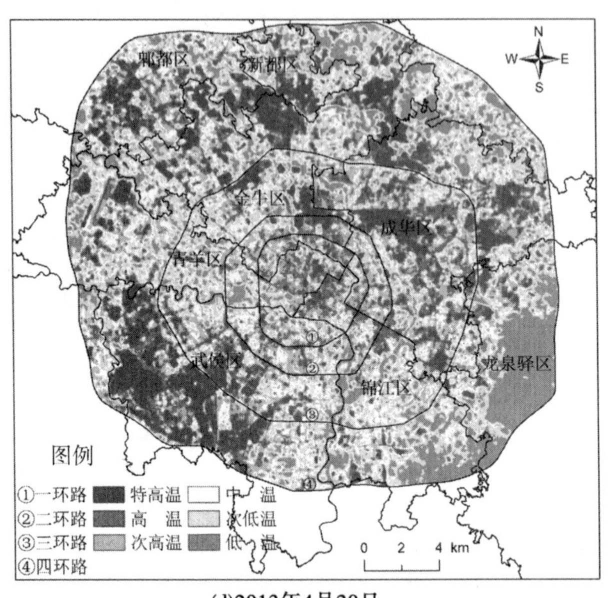

(d)2013年4月20日

续图 3-8

区域虽然也呈面状分布，但是面积普遍不大，出现了大量的热力斑块。

表 3-2 热力景观类型面积统计

等级	1988-05-01		2000-04-16		2005-04-14		2013-04-20	
	面积(km^2)	比例(%)	面积(km^2)	比例(%)	面积(km^2)	比例(%)	面积(km^2)	比例(%)
特高温	94.45	17.46	92.70	17.14	86.63	16.02	72.02	13.32
高温	49.58	9.17	72.32	13.37	82.15	15.19	76.48	14.14
次高温	71.44	13.21	98.54	18.22	96.40	17.82	116.79	21.59
中温	106.77	19.74	91.04	16.83	100.40	18.56	116.51	21.54
次低温	156.08	28.85	86.91	16.07	88.21	16.31	84.36	15.60
低温	62.56	11.57	99.37	18.37	87.09	16.10	74.72	13.81

表 3-2 所列数据表明：1988 年热力景观类型面积最大的是次低温，其次是中温和特高温，景观类型面积分别为 156.08 km^2、106.77 km^2和 94.45 km^2，而景观类型面积较小的是次高温、低温和高温，景观类型面积分别为 71.44 km^2、62.56 km^2和 49.58 km^2，所占比例由高到低依次为 28.58%、19.74%、17.46%、13.21%、11.57%和 9.17%；2000 年热力景观类型面积大小比较均匀，景观类型面积最大值和最小值仅相差 27.05 km^2，低温、次高温、特高温和

中温4种类型面积均超过90 km^2，它们面积大小依次为99.37 km^2、98.54 km^2、92.70 km^2和91.04 km^2，所占比例由高到低依次为18.37%、18.22%、17.14%、16.83%，而景观类型面积较小的是次低温和高温，面积分别为86.91 km^2、72.32 km^2，各自所占总面积的比例分别为16.07%和13.37%；2005年热力景观类型面积差异也不大，景观类型面积最大值和最小值相差18.25 km^2，中温和次高温2种类型面积比较大，面积值分别为100.4 km^2和96.4 km^2，其余4种类型面积比较接近，类型面积从大到小分别是次低温、低温、特高温、高温，面积值分别为88.21 km^2、87.09 km^2、86.63 km^2和82.15 km^2，所占比例由高到低依次为18.56%、17.82%、16.31%、16.10%、16.02%和15.19%；2013年热力景观类型面积最大的是次高温，其次是中温，两种景观类型面积分别为116.79 km^2和116.51 km^2，仅相差0.28 km^2，其余4种景观类型面积由大到小依次为次低温、高温、低温和特高温，面积值分别为84.36 km^2、76.48 km^2、74.72 km^2和72.02 km^2，所占比例由高到低依次为21.59%、21.54%、15.60%、14.14%、13.81%和13.32%。

对比图3-9和表3-2发现，1988～2013年特高温类型面积呈现逐年下降的趋势，下降幅度逐渐增加，2005～2013年平均每年下降1.83 km^2；高温类型面积在1988～2005年间增加迅速，而2005～2013年高温类型面积有所减少，但与1988年相比仍然增加26.90 km^2；次高温类型面积按照先增加然后减小最后增加的规律变化，整体上增加45.35 km^2；中温类型面积在1988～2000年减小，在2000～2013年一直增加，整体上增加9.74 km^2；次低温类型面积在1988～2013年下降71.72 km^2；低温类型面积在2000年时增加到最大为99.37 km^2，然后开始逐渐减小，在2013年达到最小值，但与1988年相比仍增加12.16 km^2。

3.1.4 城市热岛强度分析

城市热岛效应是城市热环境变化的最直接体现，而城市热岛强度又是衡量城市热岛效应强弱的重要指标。城市热岛强度（Urban Heat Island Intensity，UHII）定义为城市温度和乡村温度之差，以表示城区温度高于郊区温度的程度。学者们采用了不同的方法对城市热岛强度进行计算，从而产生不同的热岛强度指标。如前所述，城市热力景观类型中的特高温类型、高温类型和次高温类型区域所对应的地温相对较高，将其定义为城市热岛区，目前，计算热岛强度的方法主要有城乡平均温度对比法［见式(3-1)］、热岛区与低温区对比法［见式(3-2)］（王天星等，2009）和热岛面积指数法［见式(3-3)］（杨英宝等，2006）三

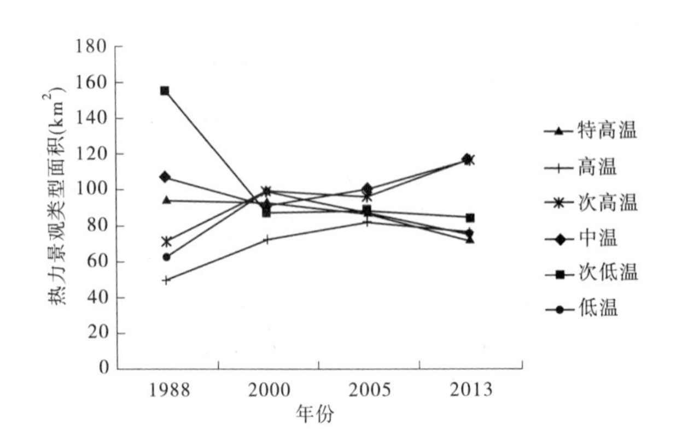

图 3-9　热力景观类型面积变化曲线

种。研究选择热岛面积指数法对热岛强度指标进行计算,计算结果列于表 3-3 中,并绘制 1988 ~2013 年成都城市热岛强度变化曲线(见图 3-10)。

$$I = TC_{avg} - TO_{avg} \tag{3-1}$$

式中:I 为平均热岛强度;TC_{avg} 为城市范围内的平均温度;TO_{avg} 为郊区平均温度。

$$I = TH_{avg} - TL_{avg} \tag{3-2}$$

式中:I 为热岛强度;TH_{avg} 为热岛区平均温度;TL_{avg} 为低温区平均温度。

$$I_{avg} = \sum_{i=1}^{n} (TC_{i\,avg} - TO_{avg}) A_i \tag{3-3}$$

式中:I_{avg} 为加权平均热岛强度;n 为城市热场(城市热岛)划分等级;TC_{iavg} 为第 i 级城市热场的平均温度;TO_{avg} 为郊区平均温度;A_i 为第 i 级城市热场的面积百分比。

表 3-3　城市热岛强度统计

年份	区域	城市热岛强度(℃)		年份	区域	城市热岛强度(℃)	
		区域	年际			区域	年际
1988	一环路以内	5.00	3.92	2005	一环路以内	3.26	4.37
	一环路至二环路间	3.82			一环路至二环路间	3.02	
	二环路至三环路间	3.65			二环路至三环路间	3.84	
	三环路至四环路间	3.01			三环路至四环路间	4.46	

续表 3-3

年份	区域	城市热岛强度(℃)		年份	区域	城市热岛强度(℃)	
		区域	年际			区域	年际
2000	一环路以内	2.61	3.28	2013	一环路以内	1.81	2.64
	一环路至二环路间	2.63			一环路至二环路间	1.86	
	二环路至三环路间	3.19			二环路至三环路间	2.16	
	三环路至四环路间	2.83			三环路至四环路间	2.93	

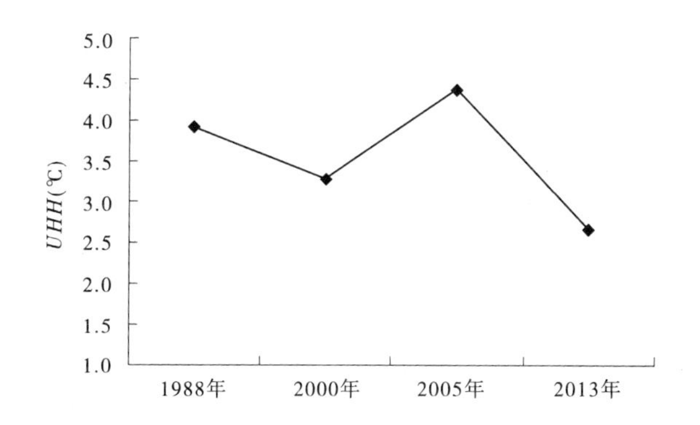

图 3-10　城市热岛强度年际变化曲线

图 3-10 反映出 1988 ~ 2013 年成都城市热岛强度呈波浪式变化，1988 ~ 2000年强度减弱，2000 ~ 2005 年强度有所增加，2005 ~ 2013 年强度再次减弱，在所选时段中，2005 年城市热岛强度最大，为 4.37 ℃；2013 年城市热岛强度最弱，为 2.64 ℃。

为进一步研究一环路以内、一环路至二环路间、二环路至三环路间和三环路至四环路间城市热岛强度变化规律，利用 ArcGIS 软件空间分析功能提取 1988 ~ 2013 年在上述 4 个区域的热岛区平均温度和低温区平均温度，然后计算各个年份的城市热岛强度值，并将结果进行统计（见表 3-3），绘制城市热岛强度区域变化曲线（见图 3-11）。1988 年从一环路以内至四环路间热岛强度逐渐减弱，其中一环路以内热岛强度值达到 5 ℃，三环路至四环路间热岛强度值仅为 3.01 ℃；2000 年 4 个区域热岛强度值比较接近，最大值 3.19 ℃，出现在二环路至三环路间；2005 年三环路至四环路间热岛强度值最大为 4.46 ℃，一环路至二环路间热岛强度值最小为 3.02 ℃，二环路至四环路区域热岛强度明显强于二环路以内；2013 年城市热岛强度的变化规律与 1988 年刚好相反，从一环路以内到三环路至四环路间热岛强度逐渐增强,最大值达到 2.93 ℃,一环路以内和一环路至二环路间热岛强度分别为 1.81 ℃和 1.86 ℃,二者与最大值之差均超过 1 ℃,由此说明 1988 ~ 2013 年成都市通过增加城市绿化、工厂企业外迁等措施成功地改善了二环路以内的城市热环境状况。

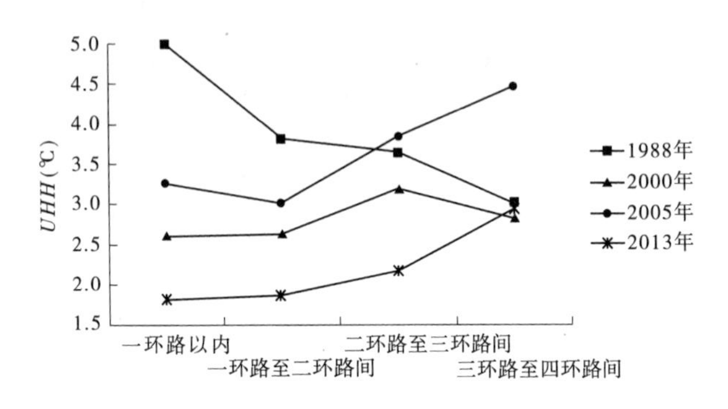

图 3-11　城市热岛强度区域变化曲线

3.2　德阳市热环境特征分析

3.2.1　城市热场现状

根据前述方法完成地温反演,德阳市旌阳区 2007 年 5 月 6 日、2014 年 8 月 13 日和 2018 年 4 月 3 日 3 个日期的城市热场空间格局如图 3-12 所示。根据反演所得地温数据,2007 年旌阳区热场整体偏高,建成区范围地温高于周边温度,与 2014 年和 2018 年两个年份相比,高出的幅度较小;2014 年除建成区外整体地温偏低,有少量的高温区域,建成区地温明显高于其他地区;2018 年所表现的规律与 2014 年相近,从图 3-12 中可以看出,建成区地温与周边其他区域整体温差小于 2014 年。

3.2.2　热力景观类型分析

按照前面章节所述方法,采用均值标准差法将 3 个日期地温数据在 ArcGIS 软件中利用 con 函数分成 6 个等级,即低温、次低温、中温、次高温、高温、特高温,并用不同的颜色代表不同的温度等级,制作成地温分级图(见图 3-13),并将各等级面积统计及面积的变化量统计于表 3-4 中,各等级面积所占比例如图 3-14 所示。

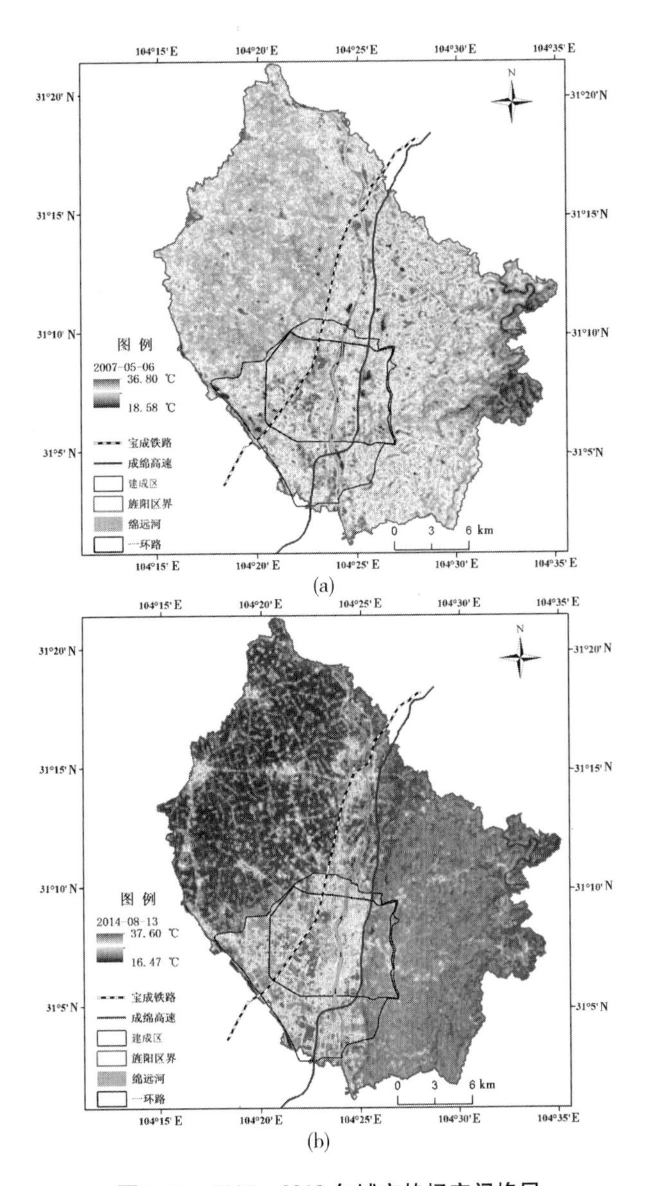

图 3-12　2007～2018 年城市热场空间格局

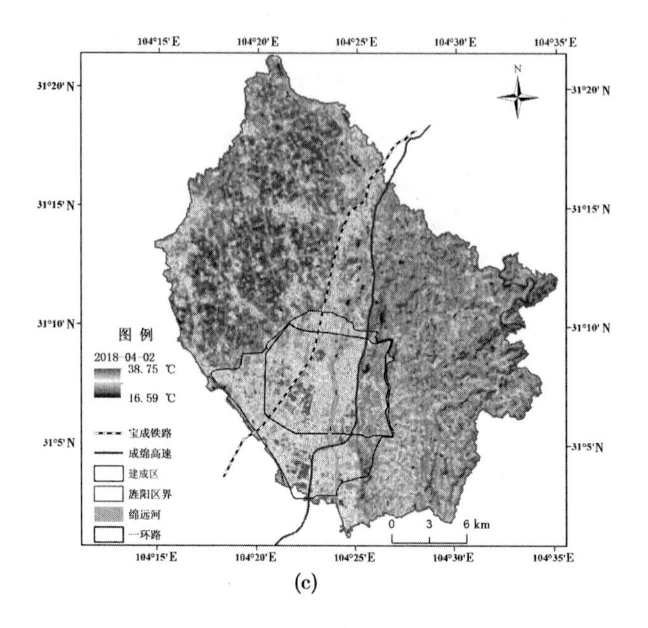

(c)

续图 3-12

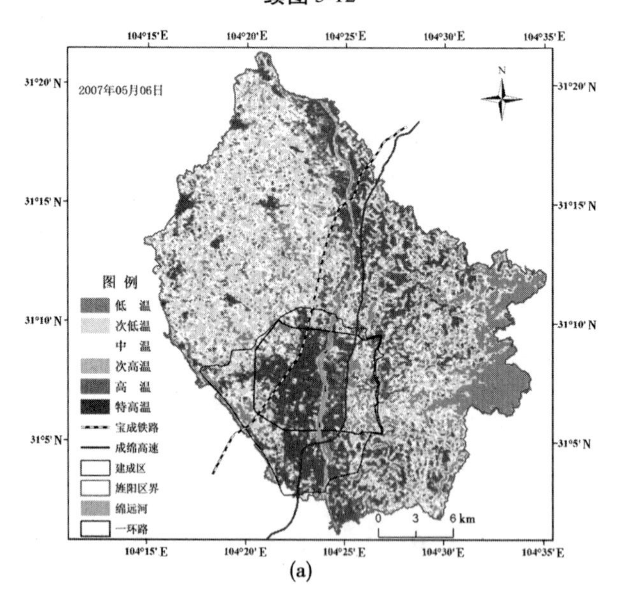

(a)

图 3-13 2007～2018 年地温分级

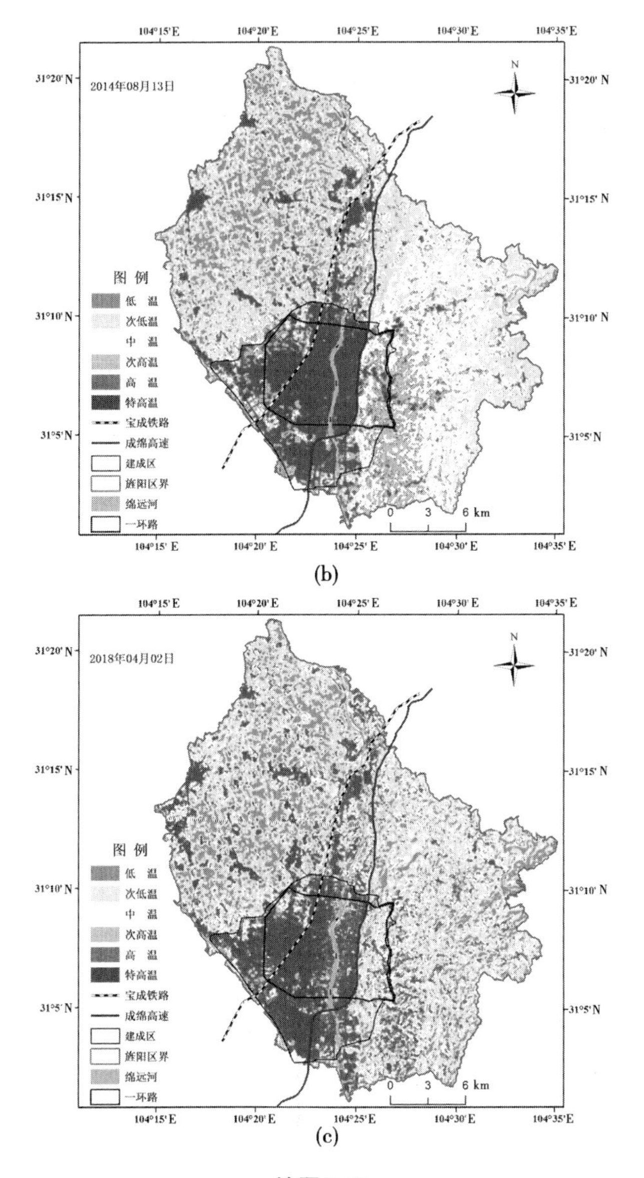
2014年08月13日
N
图例
低温
次低温
中温
次高温
高温
特高温
宝成铁路
成绵高速
建成区
旌阳区界
绵远河
一环路
0 3 6 km
104°15′E
104°20′E
104°25′E
104°30′E
104°35′E
31°20′N
31°15′N
31°10′N
31°5′N
(b)
2018年04月02日
N
图例
低温
次低温
中温
次高温
高温
特高温
宝成铁路
成绵高速
建成区
旌阳区界
绵远河
一环路
0 3 6 km
104°15′E
104°20′E
104°25′E
104°30′E
104°35′E
31°20′N
31°15′N
31°10′N
31°5′N
(c)

续图 3-13

表 3-4 热岛面积统计

温度等级	2007 年（km^2）	2007 年→2014 年变化（km^2）	2014 年（km^2）	2014 年→2018 年变化（km^2）	2018 年（km^2）
低温	87.81	-34.86	52.95	22.09	75.04
次低温	125.19	36.13	161.32	1.16	162.49
中温	152.33	45.10	197.43	-51.57	145.86
次高温	105.60	-14.70	90.90	8.39	99.29
高温	81.27	-41.02	40.25	24.78	65.03
特高温	95.38	9.35	104.73	-4.85	99.88

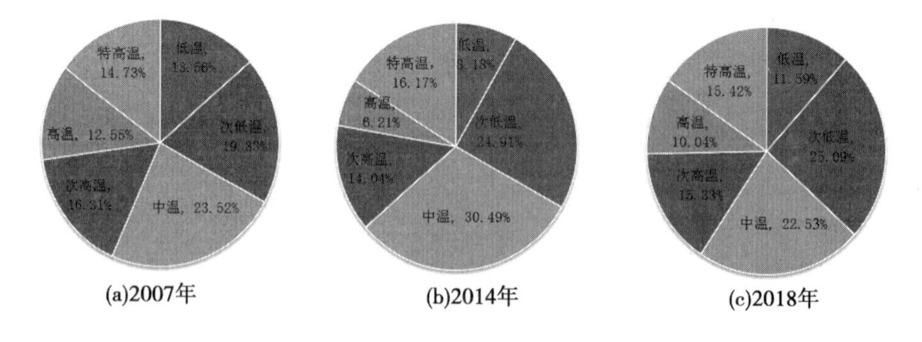

图 3-14 各等级面积所占比例

2007 年中温面积最大，达到 152.33 km^2，所占比例为 23.52%；其次是次低温，其面积达到 125.19 km^2，所占比例为 19.33%；接下来依次是次高温、特高温、低温和高温，它们所占比例分别是 16.31%、14.73%、13.56% 和 12.55%。2014 年中温面积最大，达到 197.43 km^2，所占比例为 30.49%；其次是次低温，其面积达到 161.32 km^2，所占比例为 24.91%；接下来依次是特高温、次高温、低温和高温，它们所占比例分别是 16.17%、14.04%、8.18% 和 6.21%。2018 年次低温面积最大，达到 162.49 km^2，所占比例为 25.09%；其次是中温，其面积达到 145.86 km^2，所占比例为 22.53%；接下来依次是特高温、次高温、低温和高温，它们所占比例分别是 15.42%、15.33%、11.59% 和 10.04%。

2007 年→2014 年中温、次低温和特高温三种类型面积呈增加趋势，分别增加了 45.10 km^2、36.13 km^2 和 9.35 km^2，增加比例分别为 6.96%、5.58% 和 1.44%；相反，高温、低温和次高温的面积在减少，分别减少了 41.02 km^2、34.86 km^2 和 14.70 km^2，减少比例分别为 6.33%、5.38% 和 2.27%。2014 年→2018 年高温、低温、次高温和次低温四种类型面积呈增加趋势，分别增加了 24.78 km^2、22.09 km^2、8.39 km^2 和 1.16 km^2，增加比例分别为 3.83%、3.41%、1.29% 和 0.18%；相反，中温和特高温的面积在减少，分别减少了 51.60 km^2 和 4.85 km^2，减少比例分别为 7.96% 和 0.75%。

3.2.3 热岛强度分析

针对德阳市旌阳区 2007 年 5 月 6 日、2014 年 8 月 13 日和 2018 年 4 月 3 日 3 个日期的城市热场数据，选择热岛面积指数法对热岛强度指标进行计算，算法参见式(3-14)，2007 年旌阳区热岛强度是 0.94 ℃，2014 年旌阳区热岛强度是 3.54 ℃，2018 年旌阳区热岛强度是 2.48 ℃。计算结果统计于表 3-5 中。表 3-5 反映出 2007～2018 年成都城市热岛强度呈波浪式变化，2007～2014 年热岛强度加强，相比 2007 年增强 2.60 ℃；2014～2018 年热岛强度有所减弱，相比 2014 年降低 1.06 ℃。

表 3-5　城市热岛强度统计

年份	城市热岛强度(℃)
2007	0.94
2014	3.54
2018	2.48

第 4 章　城市景观信息自动提取

随着城市化进程的不断深入，城市规模仍在迅速扩张，例如成都市主城区（四环路以内）面积已经达到 597 km^2，这样大的区域范围内，无论使用国产或者进口 1 ~2 m 的高分辨率遥感影像，都是不经济的。此外，高分影像和 Landsat 系列卫星在配准上也很难达到理想的效果。对于 TM 数据和 OLI 数据，虽然光谱分辨率相对较高，但是其空间分辨率较差。在城市内部地物复杂多样，对于 30 m 空间分辨率的上述影像数据，由单一均匀地表覆盖类型组成的像元很少，大多数像元都是不同地物的混合。因此，像元的光谱特征并非某一种地物的光谱特征，而是多种地物光谱特征的综合反映。由于混合像元的存在给遥感影像解译带来困扰，混合像元不完全属于某一种典型地物，因此将其划分为任何一种类型都是不准确的，从理论上讲混合光谱的形成主要是由于以下原因形成的（赵英时，2003）：单一成分物质的光谱、几何结构和在像元中的分布；大气传输过程中的混合效应；遥感仪器本身的混合效应。它是遥感技术定量化发展的严重障碍，也影响计算机技术在遥感领域的应用。如果遥感影像中的混合像元问题能够得到很好解决，势必将大大提高定量遥感的精度和可靠性。

然而，混合像元分解技术是将单个像元内的光谱信息分解成几种光谱端元（Endmenber）的组合，在某种意义上说达到提高影像自身空间分辨率的目的。该方法是随着遥感技术的发展而兴起的一种图像处理技术。利用该技术能够求解出混合像元中不同光谱端元所占的百分含量（Fraction，丰度），以达到实现地物信息识别和提取的目的（Zhang et al. ，2013；冯维一等，2015）。因此，使用 TM 数据和 OLI 数据进行光谱分解，自动提取城市地表要素信息是比较适宜的。

4.1　光谱混合模型

经典的光谱混合模型主要可以归结为 5 种类型（赵英时等，2003）。

4.1.1 线性光谱混合模型(Linear Model)

在模型中,将像元在某一波段的光谱反射率表示为占一定比例的各个基本组分反射率的线性组合。它基于以下几种假设:在瞬时视场下,各组分光谱线性混合,其比例由相关组分光谱的丰度决定。通过分析残差,使残差最小,完成对混合像元的分解。

4.1.2 几何光学模型(Geometric - Optical Model)

在模型中,将像元表示为树冠(太阳照射下的树)C、阴影—包括树阴影下的树(被其他树阴投射到的树)T 和背景地面(太阳直射的地面)G、树阴影下的地面 Z,这样 4 个基本组分;而它们在像元中所占的面积是一个与树冠、树高、树密度、太阳入射角、观测角有关的函数。模型可表达为

$$R = (A_C R_C + A_T R_T + A_G R_G + A_Z R_Z)/A \tag{4-1}$$

式中:R 为混合像元的反射率;A 为混合像元面积;R_C、R_T、R_G、R_Z分别为 4 个基本组分的反射率;A_C、A_T、A_G、A_Z分别为不同类型的 4 个基本组分在像元中所占的面积。

实际应用中,往往要对这些几何特征进行适当简化,如树冠由占主要地位的树种的形状和大小来替代,树冠假设为具有相同的规则几何形状,观测角有时设为星下点的观测角,树木的分布假设遵循泊松分布,即在像元中或者像元间随机分布,树高已知等。几何光学模型是基于分析景观的几何特征。它需要树的形状、大小、分布、太阳入射角、观测角等参数。

4.1.3 随机几何模型(Stochastic Geometric Model)

随机几何模型与几何光学模型相似,是几何模型的特例。它也把像元分成树冠、阴影(树阴下的树和地面)和背景地面 4 个基本组分。模型可表达为

$$R(\lambda,x) = \sum_i f_i(x) R_i(\lambda,x) \tag{4-2}$$

式中:λ 为波长;x 为像元中心点坐标;$R_i(\lambda,x)$指中心点为 x 的像元中覆盖度类型 i 的平均反射率;$f_i(x)$指中心点为 x 的像元中覆盖类型 i 所占的比例。

与几何光学模型不同的是,它把景观的几何参数作为随机变量。此处的 i 表示为:$i=1$ 为太阳照射下的绿色植被;$i=2$ 为阴影下的绿色植被;$i=3$ 为太阳照射下的土壤背景;$i=4$ 为阴影下的土壤背景,同时满足 $\sum_i f_i(x)=1$。

以上的线性模型与几何光学模型都是基于相同的假设,即“某一像元的

反射率是其各个基本组分反射率的线性组合”。只不过线性模型的处理是二维实体,而几何模型处理的是三维几何特征。也正因为几何模型需引入当地景观几何参数,所以它也就复杂得多。

4.1.4 概率模型(Probabilistic Model)

模型以概率统计方法为基础,基于统计特征分析计算方差-协方差矩阵等统计值,以及利用简单的马氏距离来判定类型的比例。

若仅有2种类型 x、y,则 y 类在混合像元中的比例 p,可表达为

$$p_y = 0.5 + 0.5\frac{d(m,x) - d(m,y)}{d(x,y)} \tag{4-3}$$

式中:$d(m,x)$、$d(m,y)$ 分别为混合像元 m 及 x、y 平均齐次分量间的马氏距离;$d(m,x) = (m-x)^{\mathrm{T}}(\sum x)^{-1}(m-x)$,其中 $\sum x$ 为 x 类在各波段的协方差矩阵。

若 $p_y<0$,则取 $p_y=0$;若 $p_y>1$,则取 $p_y=1$。

4.1.5 模糊模型

模型以模糊集理论为基础,也是基于统计特征分析,只是每个像元不单分为某一类别,而是分到几个类型中。每个像元与几个类型相关,并与每一类的相关程度由0~1之间的值表示。这种分类称为“光谱空间的模糊分类”。

光谱空间的模糊分类,可表达为 x 域上的一组模糊集合 $F_1,F_2,\cdots,F_m$。

$$\begin{aligned}
&\forall x \in X \\
&0 \leqslant f_{F_i}(x) \leqslant 1 \\
&\sum_{x\in X} f_{F_i}(x) > 0 \\
&\sum_{i=1} f_{F_i}(x) = 1
\end{aligned} \tag{4-4}$$

式中:$F_1,F_2,\cdots,F_m$ 为光谱类别,m 为预定类别数;X 为图像中所有像元集合;x 为像元光谱量测值向量;f_{F_i} 为模糊集 F_i 的从属关系函数。

4.2 线性光谱混合模型

由于地表光谱混合过程是极其复杂的,目前仍无法应用统一的模型表示各种类型的地表光谱混合过程(陈晋等,2016)。根据像元组成的复杂程度,

光谱混合模型主要分为线性模型和非线性模型两类。如果视场范围内的每束光对应单一的土地覆被类型,那么可以认为混合光谱模型是线性的,即光谱值是单个土地覆被类型光谱与其所占组分乘积的线性总和(Wu,2003)。如果散射光和几种不同土地覆盖类型同时作用,就适用于非线性光谱混合模型。由于线性模型物理含义明确、模型构造简单、理论科学,进行混合像元分解效果一般比较理想(陈晋等,2016;林娜等,2017;陈丽萍等,2017)。有关线性光谱分解技术,国内外已经有大量研究并有成果发表,其中带约束的最小二乘法、主成分变换的线性光谱分析最为常见。

对于 Landsat-5 TM 和 Landsat-8 OLI 遥感影像而言,线性光谱混合模型可采用 2~6 个光谱端元描述一幅影像各个像元内地物的线性组合,每个端元代表一种纯净的地表覆盖类型。线性光谱模型如下(童庆禧等,2009):

$$p = \sum_{i=1}^{n} c_i e_i + n = Ec + n \tag{4-5}$$

$$\sum_{i=1}^{n} c_i = 1 \tag{4-6}$$

$$0 \leqslant c_i \leqslant 1 \tag{4-7}$$

式中:n 为端元数;p 为图像中任意一个 L 维光谱向量;E 为 $L \times N$ 矩阵,其中的每列均为端元向量,$E = [e_1, e_2, \cdots, e_N]$;$c$ 为系数向量,$c = (c_1, c_2, \cdots, c_N)^{\mathrm{T}}$;$c_i$ 为像元 p 中端元 e_i 所占的比例;n 为误差项。

研究表明,由于线性光谱的相关理论不能很好地解释实际的光谱混合机制,所以存在误差项 n,它代表光线在不同的单位成分物质间的相互作用效果。线性混合模型分三种情形,式(4-5)为无约束的线性混合模型,加上式(4-6)则为部分约束的混合模型,若再加上式(4-7)则为全约束的混合模型。线性解混就是在已知端元的情况下求出图像中每个像元中各个端元组分所占的比例情况,从而得到反映每个端元在图像中分布情况的比例系数图。利用最小二乘法可以得到式(4-5)的无约束解:

$$\hat{c} = (E^{\mathrm{T}}E)^{-1}E^{\mathrm{T}}p \tag{4-8}$$

若加上式(4-5)可以得到部分约束的最小二乘解:

$$\hat{c} = \left[I - \frac{(E^{\mathrm{T}}E)^{-1}a^{\mathrm{T}}}{a^{\mathrm{T}}(E^{\mathrm{T}}E)^{-1}a}\right](E^{\mathrm{T}}E)^{-1}E^{\mathrm{T}}p + \frac{(E^{\mathrm{T}}E)^{-1}a}{a^{\mathrm{T}}(E^{\mathrm{T}}E)^{-1}a} \tag{4-9}$$

式中:I 为 N 阶单位矩阵;a 为分量均为 1 的 N 维列向量。

大量研究表明,很难得到同时满足式(4-5)~式(4-7)的全约束解(童庆禧等,2009)。

此外，为保证混合像元分解精度，必须对影像进行前期的处理工作，如辐射定标、大气校正、数据维度变换等，尤其是主成分分析、最小噪声分离、纯净像元指数(Pixel Purity Index, PPI) 计算。解混过程中，对于城区而言，端元类型基本是确定的，然后现有大部分研究都是从遥感影像上采用目视解译的方式选择“纯净像元”作为端元。对于上述模型而言，端元选择的质量将直接决定混合像元分解精度。现有的大部分研究中，在端元选择时，约束条件少，选择的随意性较大，导致分类结果不理想。本书研究中使用了像元纯净度指数，约束端元选择的像元纯净度与范围，并借助 n 维可视化工具方便、有效选择端元。

4.3 最小噪声分离变换

最小噪声分离变换(Minimum Noise Fraction Rotation, MNF Rotation)用于判定图像数据内在的维数(波段数)，分离数据中的噪声，减少随后处理中的计算需求量。MNF 本质上是两次层叠的主成分变换。第一次变换(基于估计的噪声协方差矩阵)用于分离和重新调节数据中的噪声，这步操作使变换后的噪声数据只有最小的方差且没有波段间的相关性。第二步是对噪声白化数据(Noise - whitened)的标准主成分变换。为了进一步进行波谱处理，通过检查最终特征值和相关图像来判定数据的内在维数。

研究表明，MNF 变换可以显著改善端元盖度的质量，提高像元分解的效果(Emma et al. ,2003；岳文泽，2006，2008)。对于遥感影像而言，内在维度由卫星传感器的采样方式和目标物的反射光谱值共同决定，而传感器的光谱分辨率和空间分辨率决定着具体的采样。由于波段之间存在一定的相关性，这将导致遥感数据的信息含量降低；而噪声的出现又进一步降低了数据的信息量。因此，在提取端元盖度之前，进行 MNF 变换以降低波段之间的相关性，减少数据的冗余度是十分必要的。通过主成分变换可以将遥感影像中 95% 左右的差异集中到第一、第二或者第三的前三个主成分中，同时减少波段之间相互影响，因此常常被应用于选择影像端元。在对不同波段进行拉伸运算的过程中，可能会出现某一波段噪声的变化大于另外一个波段信号的变化，主成分分析并不能按照信号信息对各成分进行排序，而最小噪声分离法变换能够根据信号与噪声的比率排列成分，从而将信号与噪声分离开。

遥感影像分析上的主成分分析能够剔除具有相关性的波段，获得的影像的各变量互为正交向量。变换后的特征值表征各成分的重要性。进行主成分分析时,通过特征值把成分分为主要和次要两种。主要成分的特征值明显大于次要成分的特征值,并且相应的得分矩阵影像传递的大部分信息是代表随机噪声的变量。因此,影像的真正维度完全能通过特征值较高的成分有效表达。最小噪声分离法用于确定数据的内在维度(Green et al.,1988),它是对主成分分析方法的一个改进,并以分离出实际数据和噪声作为主要目的。第一步,估计待处理数据的随机噪声。假定噪声为特定波段,在空间上不相关。并且,假定像素点有相似信息但又有不同的噪声。以此为参考,生成噪声协方差矩阵,在该矩阵中,每一波段的噪声为给定的单一变量,且均值为零;第二步,对去除了噪声的数据做标准的主成分变换。

在 *ENVI* 遥感影像处理软件中 Forward MNF 变换用于估计第一次旋转中所用的噪声统计。本次是从输入的数据中估计噪声,该方法是假设每个像元都包含信号和噪声,且紧邻的像元包含相同的信号和不同的噪声。以 2013 年 4 月 20 日 Landsat-8 影像数据(除热红外、全色波段和卷云波段外的 7 个波段)为例进行 MNF 变换。变换区域为四环路以内,选择 MNF 变换输出成分仍然为 7 个。对输出的图像数据(见图 4-1)进行检验,发现前 3 个成分可以有效地把数据的主要信息反映出来。可以发现,随着主成分次序的上升,图像逐渐变得模糊。MNF1、MNF2、MNF3 所对应的图像质量最好。MNF 变换处理完毕后,波段将被导入可用波段列表中,并在 MNF Eigen Values 图表窗口中进行显示(见图 4-2)。特征值较大的波段包含数据信息较多,特征值较小的数据包含的噪声较多,数据信息较少。对比图 4-1 和图 4-2 发现,前 3 个主成分可以用来代表数据的基本维度,并且其对应的特征值较大,它们对原始影像的贡献率达到 95.60%。所以,选择前 3 个主成分作为端元。

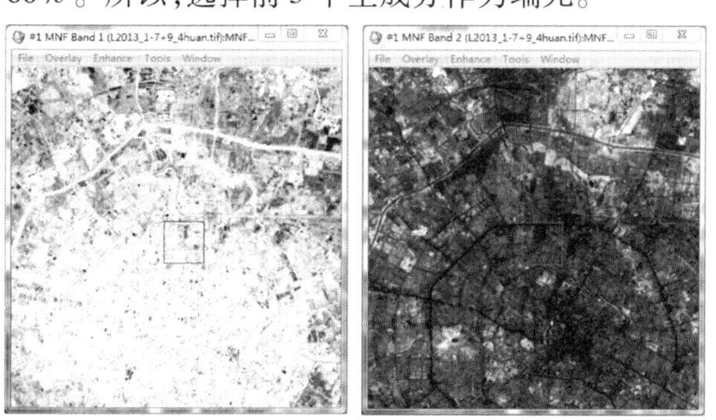

图 4-1　MNF 变换后的主成分

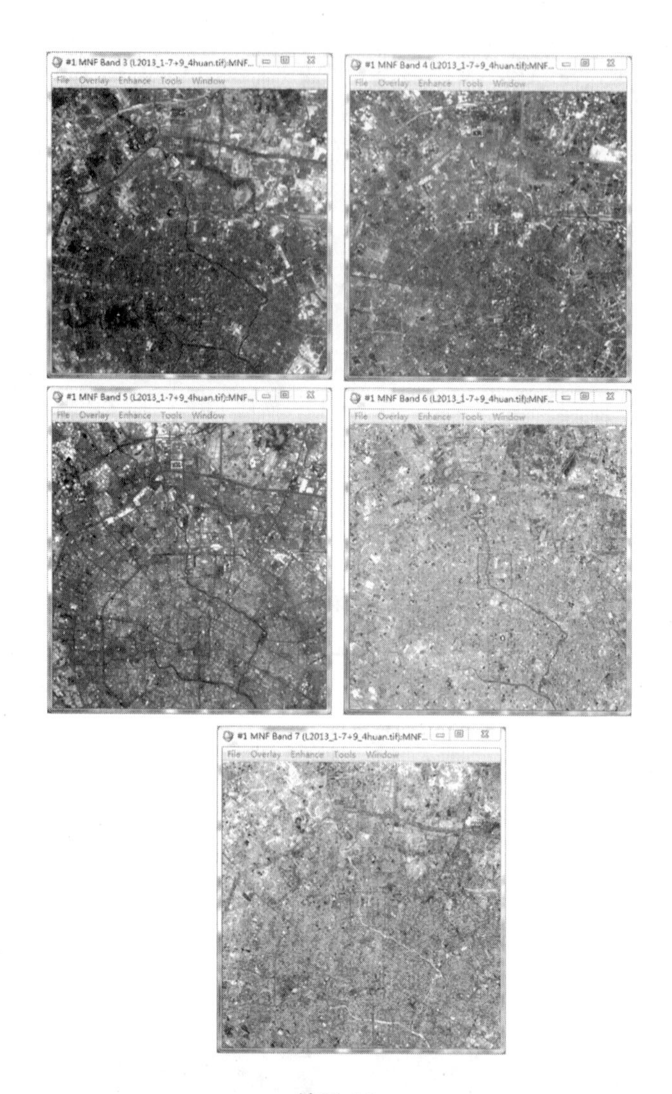

续图 4-1

MNF 变换后前 3 个分量两两构成的像元特征空间 2－D 散点图(见图 4-3)近似呈三角形,三角形的顶点处越偏外的像元纯度越高。对比原始遥感影像数据可知,研究区采用 4 种端元的线性混合模型进行分解比较理性,即高反照度、低反照度、土壤、植被。由于水体的特殊性,分类前对水体进行掩膜处理。

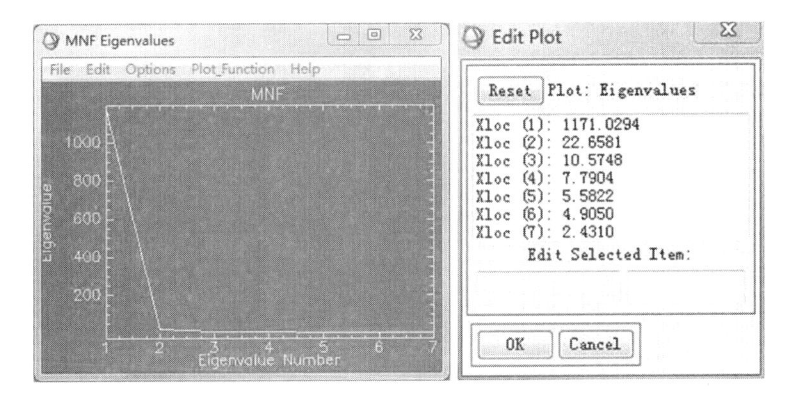

图 4-2　MNF 特征值

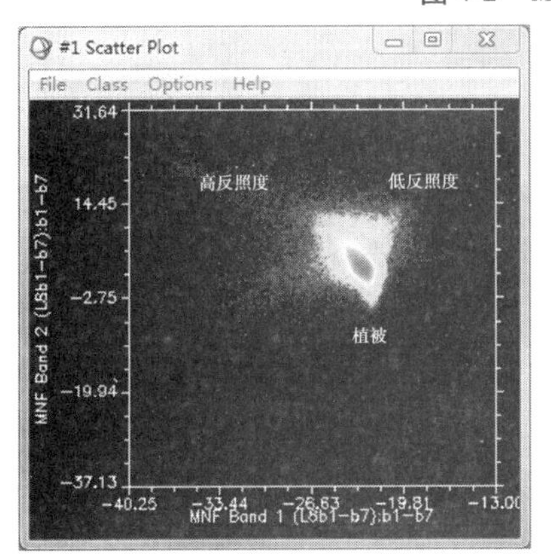

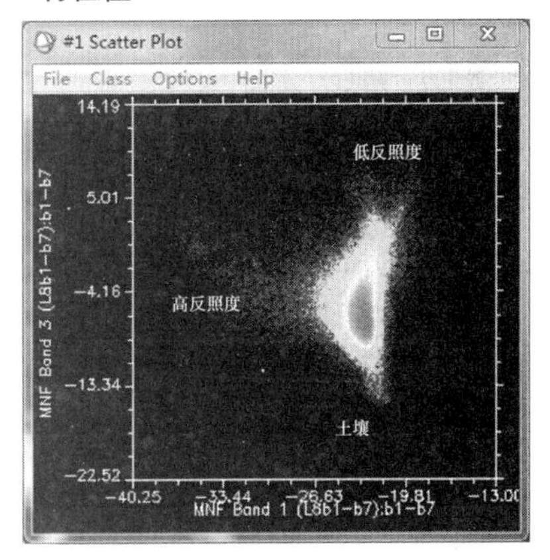

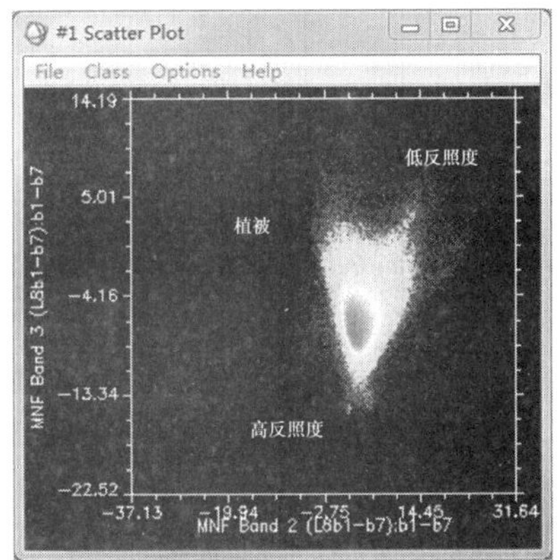

图 4-3　MNF1－3 分量端元特征散点图

4.4 纯像元指数计算与影像分类

遥感影像的每一个像元值是对应地表物质光谱信息的综合。如果一个像元仅仅包含一种地物类型,则该像元称为纯净像元或者端元。如果一个像元包含多种地物类型,则称为混合像元。由于受空间分辨率所限,中、低分辨率的影像存在大量的混合像元。最好的端元是采用实验室量测的实际类型样本的光谱值,这种端元称为参照端元。实际上,遥感成像过程受到大气等的影响,需要进行大量校正工作,对此的解决办法是直接从影像上选取光谱端元,这种端元称为影像端元,并且认为影像的所有像元都是影像端元的线性组合。该类端元也是目前很多研究人员所采用的主要端元选择方法。

纯像元指数(Pure pixel index,PPI)提取端元的算法是 Boardman(1995)等提出的。它是用来衡量像元纯净程度的指标,计算纯像元指数的目的是在多光谱影像中找到最理想的光谱端元。计算 PPI 原理是把每个像元作为一个 n 维向量,则所有像元组成一个向量空间 V(童庆禧等,2009)。当把光谱特征空间的所有像元点往一个单位向量 u 上投影时,端元就会投影到 u 的两侧,混合像元就会投影到中间部分。因此,可以让图像在 n 个随机的单位向量上投影,并记下每个像元被投影到端点的次数,即为纯像元指数。当被投影到随机向量端点的次数越多,此像元被确定为纯像元的概率就越大。

如图 4-4 所示,U_1、U_2、U_3是 3 个随机单位向量,图中黑点为分布在特征空间的像素点。所有像素点向 3 个方向随机向量投影,投影到随机向量两端的点将被记录下来,图中记录下来的像素点为 O_1、O_2、O_3、O_4,这 4 个像素点的纯像元指数分别为 2、1、1、2。

在 *ENVI* 遥感影像处理软件中使用 Pixel Purity Index 选项可以在 Landsat-8影像中寻找最纯净像元,波谱最纯像元和混合端元相对应。纯净像元指数通过将 n 维散点图迭代映射为一个随机单位向量来计算。每次映射的极值像元都被记录下来,并且每个像元被标记为极值的总次数也被记录下来,从而生成一幅“像元纯度图像”,在这幅图像上,每个像元的 *DN* 值与像元被标记为极值的次数相对应。本书中,PPI 运算是在排除噪声波段的 MNF 变换结果的 1、2、3 三个波段基础上完成的。数据处理过程中迭代次数设置为 10 000,阈值系数设置为 2.5。图 4-5 显示了 PPI 作为迭代次数的函数,在进行处理的过程中,发现的满足阈值标准的极值像元的总数。图 4-6 为 PPI 变化后纯净端元图,图中比较亮的像元表示被采为波谱极值的次数较多,像元波

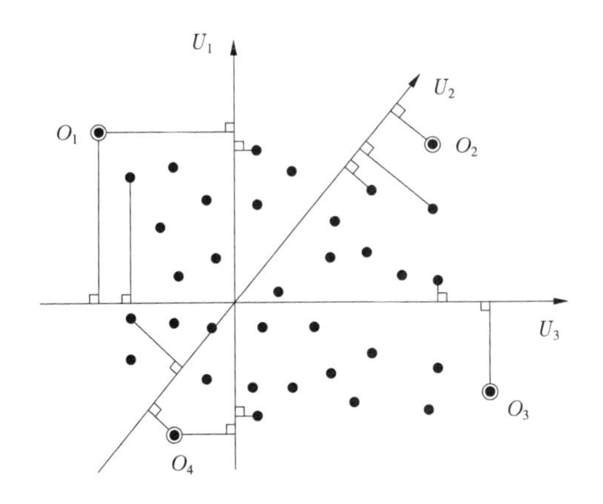

图 4-4　PPI 端元提取算法示意图(据童庆禧等,2009)

谱比较纯,较暗的像元表示波谱纯度较低。分析发现,较纯净像元主要分布在三环路与四环路之间,尤其是靠近四环路附近。

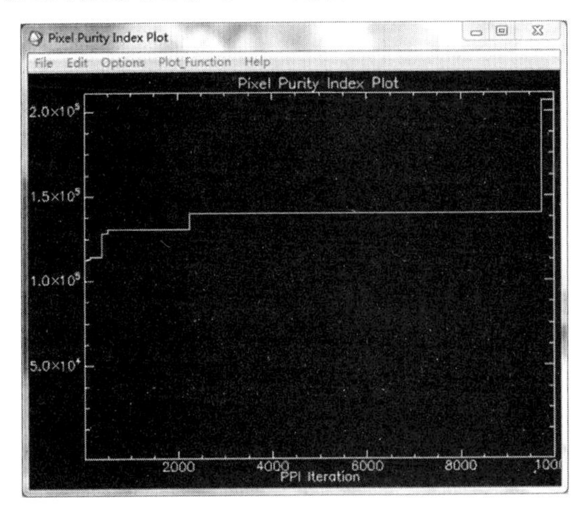

图 4-5　纯净像元指数

通过可散点图选取端元,与反射率影像对比得到端元在蓝色、红色、近红外、短波红外波段上的反射特征曲线图。最后将端元反射率特征曲线应用于地表反射率影像,采用最小二乘法求解 4 个端元的线性光谱混合模型,完成影像的分类。不透水面在多光谱遥感中的光谱响应具有较强发散性,所以不能作为端元直接提取,实际上不透水面是除水体和阴影外的高反照率部分和低反照率部分之和,可以根据 V－I－S 模型获得。根据前述方法获得 2013 年成

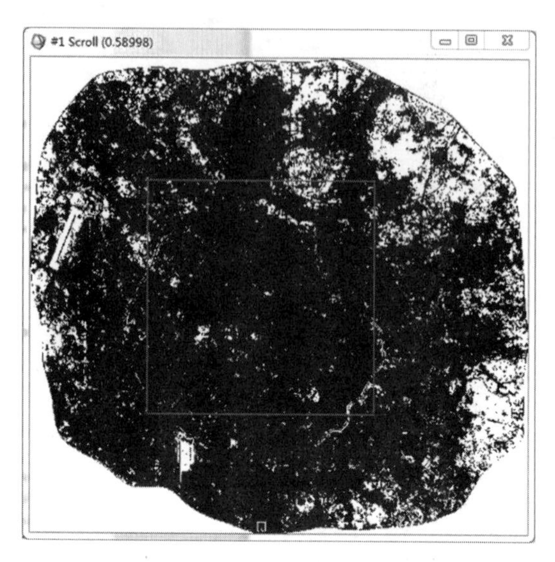

图 4-6　PPI 变化后纯净端元

都四环路以内城市景观信息图如图 4-7 所示。

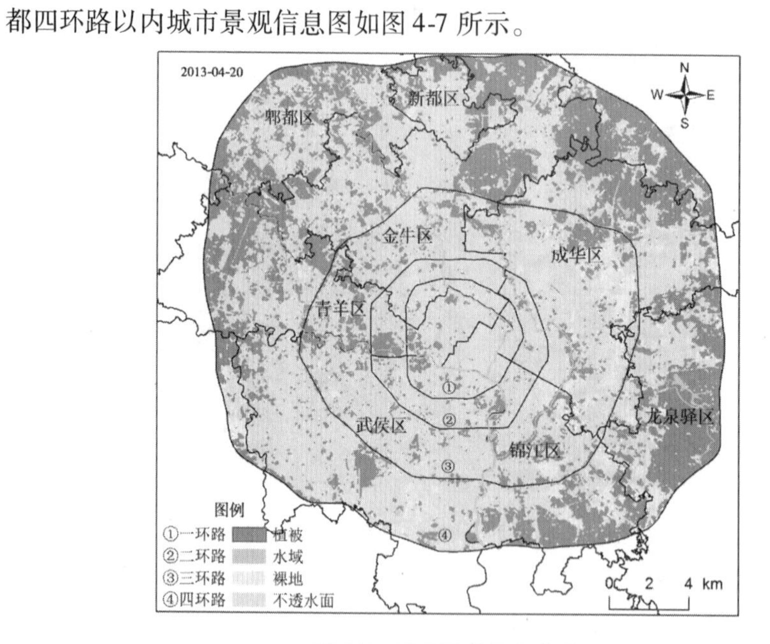

图 4-7　城市景观信息分类

第 5 章　植被覆盖状况分析

分析德阳市 2007 ~2018 年建成区内植被覆盖变化情况,利用 2018 年 4 月 2 日、2014 年 8 月 13 日和 2007 年 5 月 6 日三个时期的影像数据。根据影像反演归一化植被指数前需要完成辐射定标和大气校正以提高反演精度。归一化植被指数模型参见式(2-15)。像元二分模型是假设每个像元是裸地和植被的线性组合,公式如下:

$$FVC = (NDVI - NDVI_S)/(NDVI_V - NDVI_S) \tag{5-1}$$

式中:FVC 为植被覆盖度;$NDVI_S$为裸地或无植被覆盖区域的 $NDVI$ 值;$NDVI_V$为纯植被像元的 $NDVI$ 值。

实际应用时,可近似取值 $NDVI_S = NDVI_{min}$, $NDVI_V = NDVI_{max}$。因此,式(5-1)可转化为式(5-2)。由于遥感影像不可避免地存在噪声,所以 $NDVI_{min}$和 $NDVI_{max}$取值时应在一定置信区间范围内。研究区的有效 $NDVI_{min}$和$NDVI_{max}$值如表 5-1 所示。

$$FVC = (NDVI - NDVI_{min})/(NDVI_{max} - NDVI_{min}) \tag{5-2}$$

表 5-1　研究区 $NDVI_{min}$、$NDVI_{max}$值统计

日期	2007-05-06	2014-08-13	2018-04-02
$NDVI_{min}$	0.012 488	0.004 733	0.003 514
$NDVI_{max}$	0.527 000	0.717 426	0.630 015

5.1　植被覆盖度现状

根据前述方法完成 3 个年份植被覆盖度估算,图 5-1 展示了估算结果。整体而言,3 个时段中 2007 年,植被覆盖度空间分布特征与 2014 年和 2018 年差异较大。2007 年,成绵高速东侧植被覆盖状况明显好于西侧的,西侧仅有零星的高植被覆盖区,泰山路沿线的老城区属低植被覆盖区。2007 年,东方汽轮机有限公司和东方汽轮机厂未搬迁至德阳市旌阳区,所以两个区域植被覆盖情况与周边差异较小。2014 年与 2018 年植被覆盖空间分布特征相似,一环路以内除成绵高速东侧和曾家院坝、高家店子等区域(图中 A 区)植被覆盖较好，其余位置以较低植被覆盖为主，零星分布高植被覆盖区。对比两个年份分布图发现，马家碾桥附近（图中B区）、衡山路以东（图中C区）和周家院子（图中D区）3个区域变化最明显，2014年以面状分布的高植被覆盖区为主，2018年该类型面积显著减小，部分区域已经变成坠块形式。东方汽轮机有限公司、东方汽轮机厂和东方锅炉股份有限公司附近在2014年时有少量高植被覆盖的坠块出现，到2018年则呈现大面积的低植被覆盖。以泰山路为中心的老城区植被覆盖状况进一步恶化。

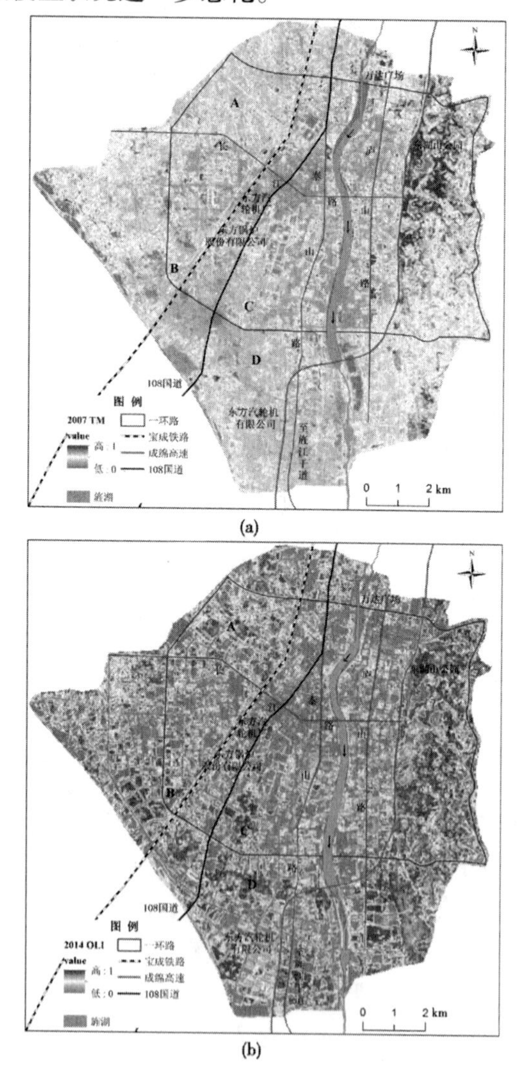

图5-1　植被覆盖度空间格局

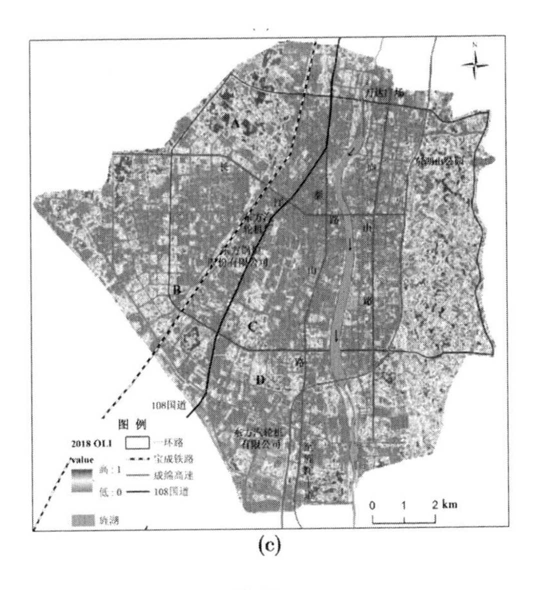

(c)

续图 5-1

5.2 植被覆盖度等级划分

参考相关研究成果,结合研究区实际情况采用 5 级标准划分植被覆盖度等级,即 0 ~ 10% 划分为极低覆盖、10% ~ 30% 划分为低覆盖、30% ~ 45% 划分为中低覆盖、45% ~ 60% 划分为中覆盖、60% ~ 100% 划分为高覆盖(位贺杰, 2016;李彤,2018)。植被覆盖度分级如图 5-2 所示,将 3 个年份各个等级面积及占比统计结果列于表 5-2 中。

结合图 5-2 和表 5-2 发现:2007 年以中低覆盖为主,面积为 59.88 km^2,占总面积的 44.54%;2014 年各等级面积接近,高覆盖面积最大,为 40.84 km^2,占总面积的 30.37%;2018 年以极低覆盖为主,面积为 58.01 km^2,占总面积的 43.15%。2007 年极低覆盖面积仅为 3.77 km^2,而 2018 年达到 58.01 km^2,11 年间增加了 54.24 km^2,平均每年增加约 4.93 km^2;高覆盖面积从 2007 年的 8.66 km^2增加至 2014 年的 40.84 km^2,平均每年增加约 4.60 km^2,而 2014 ~ 2018 年平均每年又减少约 7.11 km^2;低覆盖和中覆盖面积的变化规律都是先减少后增加,整体仍呈减少趋势;中低覆盖面积一直减少,从 2007 年的 59.88 km^2减少为 2018 年的 16.47 km^2,平均每年减少约 3.95 km^2。

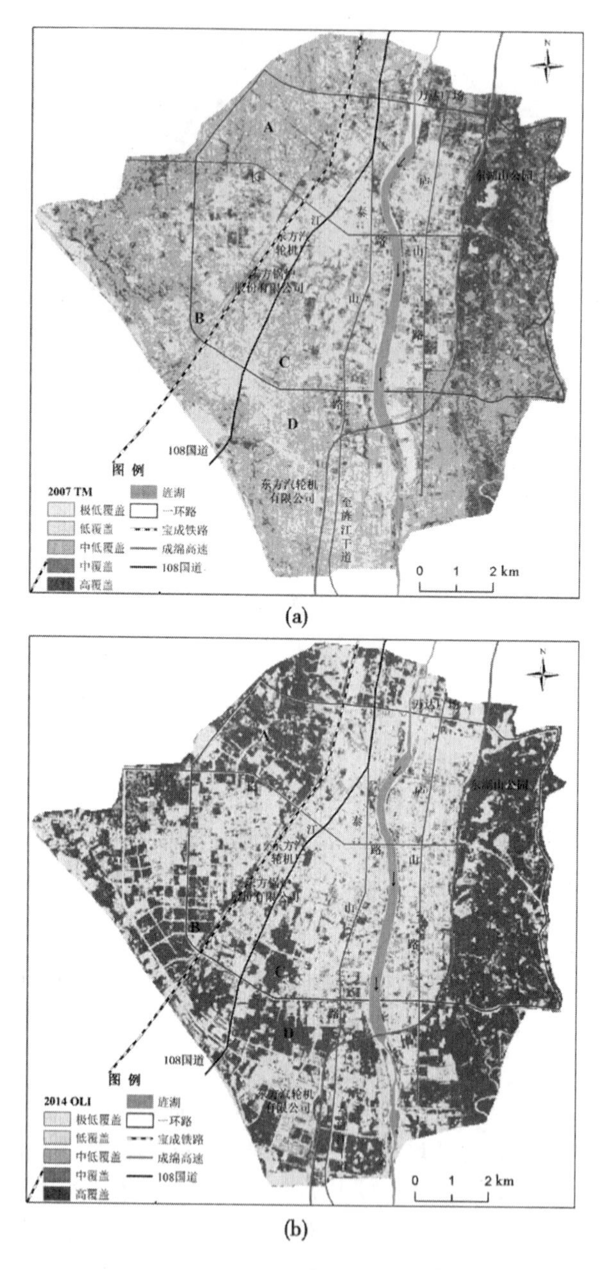

图 5-2　植被覆盖度分级图

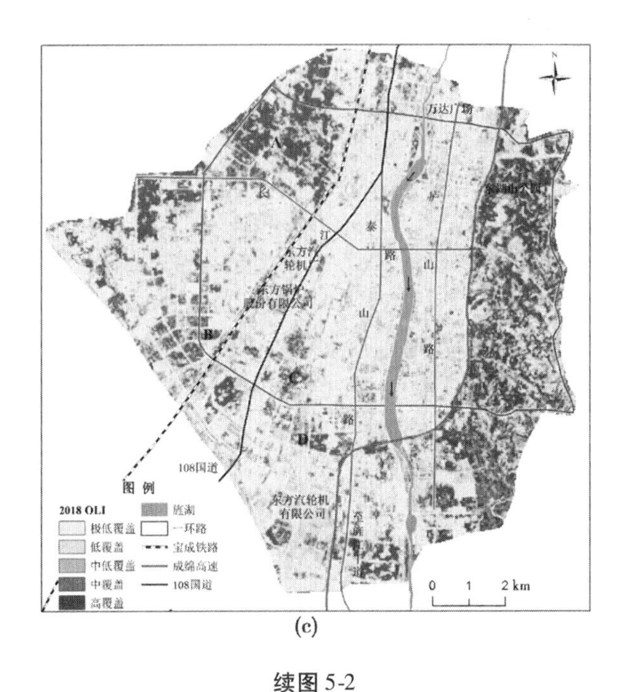

(c)

续图 5-2

表 5-2　植被覆盖度等级面积统计

植被度等级	2007-05-06		2014-08-13		2018-04-02	
	面积（km^2）	比例（%）	面积（km^2）	比例（%）	面积（km^2）	比例（%）
极低覆盖	3.77	2.81	33.35	24.81	58.01	43.15
低覆盖	39.21	29.17	28.47	21.18	32.20	23.95
中低覆盖	59.88	44.54	17.16	12.77	16.47	12.25
中覆盖	22.92	17.04	14.62	10.87	15.35	11.42
高覆盖	8.66	6.44	40.84	30.37	12.41	9.23

5.3　植被覆盖度时空演变分析

为形象刻画植被覆盖时空变化特征，用较晚植被覆盖度 F_t 与较早植被覆盖度 F_{t-1} 在 ArcGIS 软件中进行差值运算，即 $D = F_t - F_{t-1}$，得到两年份植被覆盖度变化情况。若差值为负，则定义为覆盖情况变差；若差值为正，则定义为覆盖情况改善。利用 3 个年份的植被覆盖度数据依次分析 2007 年→2014 年、2014 年→2018 年、2007 年→2018 年三个时段的植被覆盖度时空变化特征。

5.3.1 差异性剖面分析

考虑到德阳市建成区南面和北面植被覆盖度变化显著,因此书中选择 3 条南北向剖面 PM1、PM2、PM3(具体位置参见图 5-3)。PM1 南起天龙寺桥附近,北至德阳市火车站;PM2 南起东方汽轮机有限公司,北至莲池村;PM3 南起八角井,北至万达广场。其中,PM1 主要经过宝成铁路以西的城市扩展区,PM2 和 PM3 主要经过老城区,PM2 沿岷山路附近,PM3 沿庐山路附近。利用 3 条剖面线在 ArcGIS 软件中提取 2007 年→2014 年、2014 年→2018 年、2007 年→2018 年三个时段的植被覆盖度变化数据,并在 Matlab 中绘制植被覆盖度变化值与像元 *DN* 值曲线(见图 5-4)。

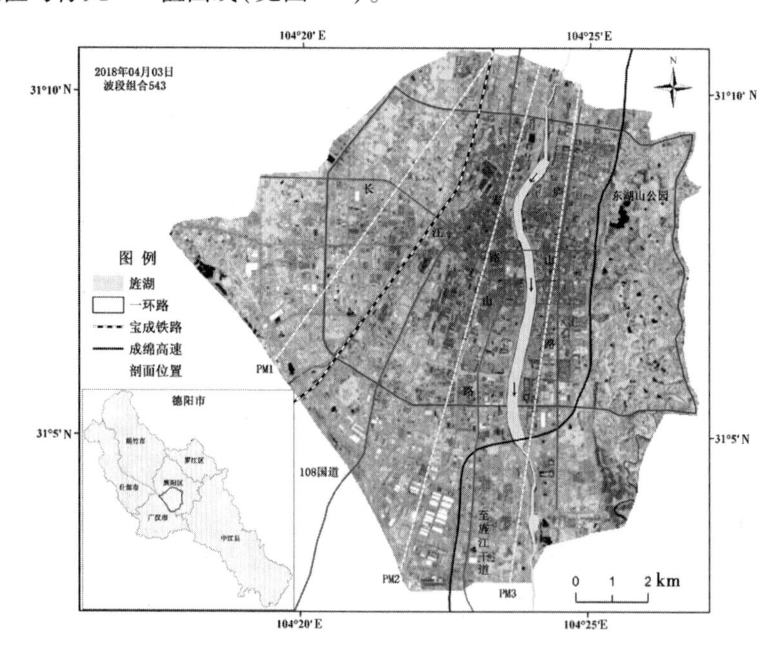

图 5-3　剖面位置

分析图 5-4 发现:3 条剖面上的 *FVC* 变化值都是以 0 为中心上下波动,峰、谷交替出现,在各时间段存在差异。PM1 剖面:在 2007 年→2014 年时段的 *FVC* 变化值以正值为主,正向变化值集中分布在 0.4 附近,负向变化值较小;在 2014 年→2018 年时段的 *FVC* 变化值以负值为主,负向变化值集中分布在 -0.2 附近,正向变化值较小,分布在 0.1 附近;在 2007 年→2018 年时段的 *FVC* 变化值是负值、正值交替出现,像元值 0 ~ 80 时以负值为主,像元值 81 ~

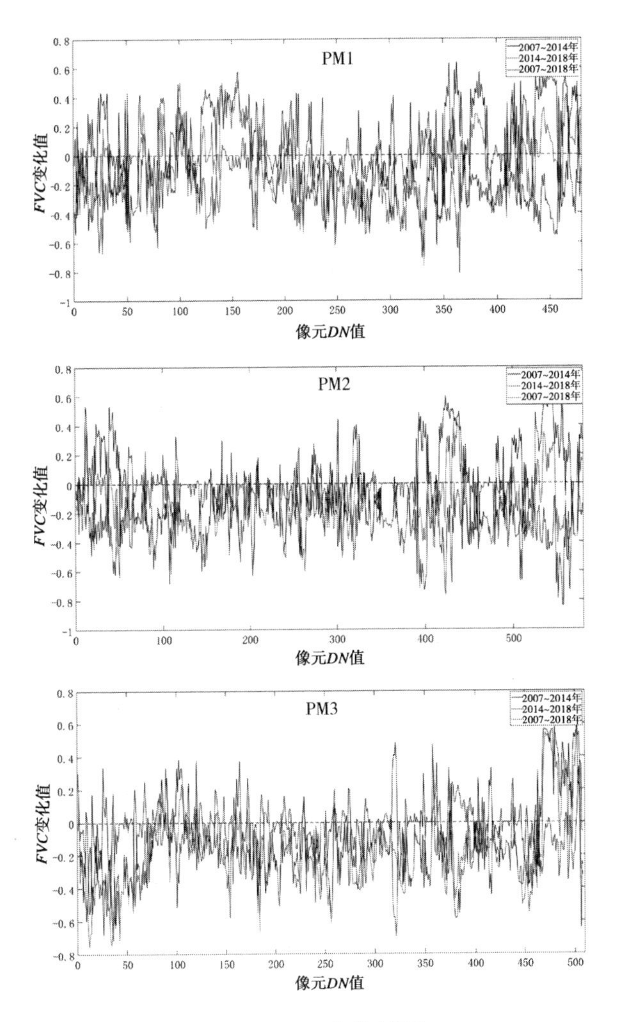

图 5-4 *FVC* 变化剖面

180 时以正值为主,像元值 181 ~ 350 时以负值为主,像元值 351 之后以正值为主,*FVC* 变化值为正时的最大值出现在像元值为 150 附近,达到 0.4,其余部分在 0.2 左右,为负的变化值则分布在 -0.4 附近;PM2 剖面:在 3 个时段中 *FVC* 变化值都以负值为主,2007 年→2014 年时段的 *FVC* 变化值在两端存在部分正值,另外两个时段负值主要分布在 -0.3 附近,个别负值较大,达到 -0.6,甚至超过 -0.8,但整体波动性不大。PM3 剖面:在 3 个时段中 *FVC* 变化值都以负值为主,零星出现正值变化,两端 *FVC* 值变化比较剧烈,南端呈现负值,在 -0.6 左右,北端则以正值为主,在 0.6 附近,中间段负值主要分布在

-0.3 附近,整体波动性较小。PM2、PM3 值两条剖面线经过老城区,而老城区主要以低植被覆盖为主,因此 *FVC* 值变化较小。

5.3.2 植被覆盖度迁移分析

将3个时段的植被覆盖度时空变化数据,按照变化程度不同划分为7个等级,表5-3为等级划分标准和各等级面积占比,各等级空间分布情况如图5-5所示。11年间植被覆盖以变差为主,其中轻微变差和变差共占总面积的60.83%,主要分布于以长江路为中心的老城区;城北的万达广场附近属于明显变差,明显变差的比例较小,为1.50%;植被覆盖变好的区域分别是曾家院坝、高家店子等(图中A区),马家碾桥附近(图中B区)、衡山路以东(图中C区)和周家院子(图中D区)、东湖山公园以及新沟村(图中E区)等区域。结合图5-5和表5-3发现,2007年→2014年老城区范围内植被覆盖情况以变差为主,老城区以外植被覆盖情况以变好为主。轻微变差、基本不变、轻微变好和变好4种类型面积较大,分别占23.58%、22.51%、19.10%和18.92%;2014年→2018年建成区范围内的植被覆盖情况以基本不变为主,零星分布着变好和变差的区域。轻微变差和基本不变类型面积占主导,分别占总面积的35.30%和39.86%。

表5-3 *FVC* 变化等级值域、面积及所占比例统计

变化程度	值域范围	2007年→2014年		2014年→2018年		2007年→2018年	
		面积(km^2)	比例(%)	面积(km^2)	比例(%)	面积(km^2)	比例(%)
明显变差	$D \leq -0.6$	1.27	0.94	4.90	3.64	2.01	1.50
变差	$-0.6 < D \leq -0.3$	18.65	13.87	22.10	16.44	34.07	25.34
轻微变差	$-0.3 < D \leq -0.1$	31.71	23.58	47.46	35.30	46.76	34.78
基本不变	$-0.1 < D \leq 0.1$	30.26	22.51	53.60	39.86	29.09	21.64
轻微变好	$0.1 < D \leq 0.3$	25.67	19.10	5.28	3.93	15.74	11.71
变好	$0.3 < D < 0.6$	25.44	18.92	1.07	0.80	6.63	4.93
明显变好	$D \geq 0.6$	1.45	1.08	0.04	0.03	0.14	0.10

5.3.3 *FVC* 变化与城市扩展分析

根据仿植被指数法和监督分类自动提取3个年份建成区范围,建成区范围分布如图5-6所示。2007~2014年建成区向东、西、南、北4个方向均有扩展,以向南扩展范围最大,由于地形限制向东扩展有限,东湖山公园区域地表覆盖类型变化不大，宝成铁路以西植被覆盖变化明显。2014～2018 年建成区范围没有明显变化。由于老城区植被覆盖一直较差，所以 11 年间变化没有其他区域明显，而南面的东方汽轮机有限公司和北部新城尤其是万达广场区域植被覆盖度明显降低。

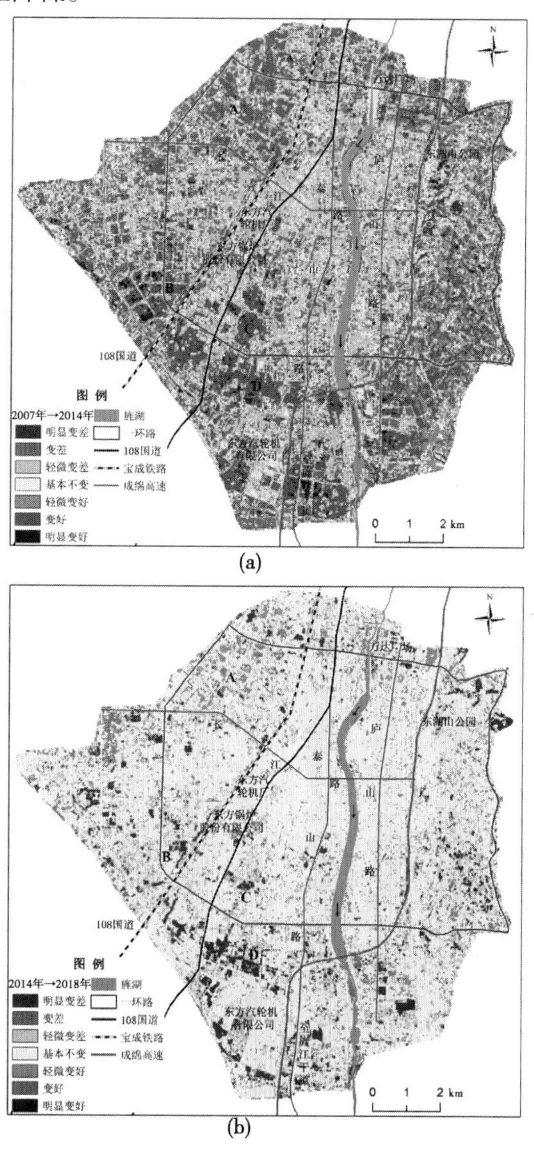

图 5-5 *FVC* 变化等级分布

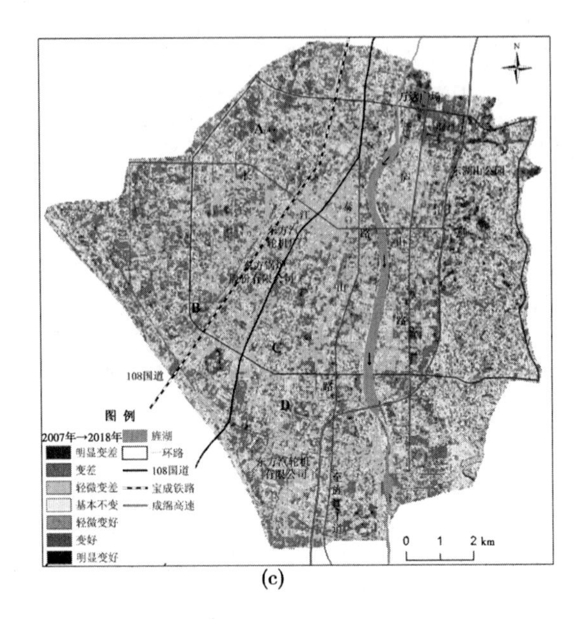

(c)

续图 5-5

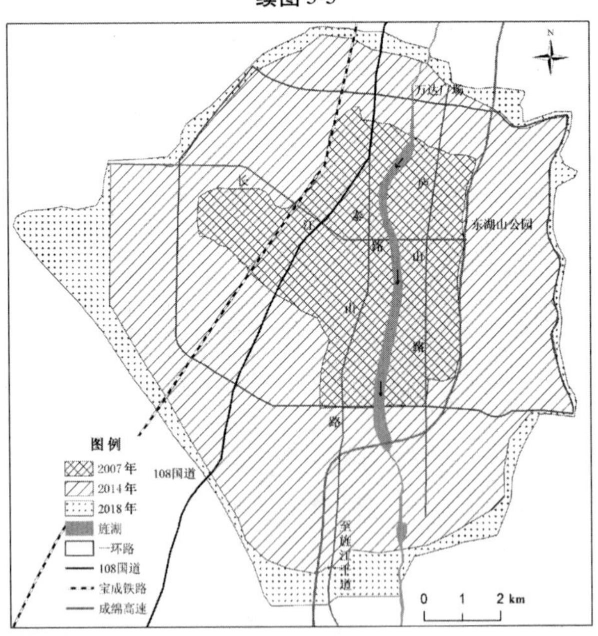

图 5-6 2007～2018 年建成区范围分布

第 6 章　绿地景观的热环境效应

随着全球环境变化研究的深入,人们越加认识到土地覆盖/土地利用类型及其变化对全球自然环境,特别是气候的影响。而城市绿地是城市中一种特殊的生态系统,它能够提高城市自然生态质量,有利于环境保护;增加城市地景的美学效果;净化空气污染等作用。因此,城市绿地被认为是城市现代化和文明程度的重要标志之一。

在众多的城市景观中,城市绿地景观的热环境效应与其他景观类型存在显著差异,城市绿地主要包括树木和人工草地。根据地表热量平衡原理可知,植被具有较大的热惯量和热容量,同时它的热传导和热辐射率较低。在太阳辐射下,由于吸热面和储热面较多,所以水泥、沥青和建筑物等表面存储的热量明显多于绿地。相同的条件下,绿地景观对应的地温要明显低于道路、居民、工业等景观类型。因此,对城市绿地热环境效应进行深入、细致的研究有着重要的实践意义。本章以成都市为例,将从绿地空间分布入手,对其城市绿地的降温范围、降温效果等进行分析研究。

6.1　地温与植被覆盖度分析

在环境遥感领域,植被指数已成为研究植被覆盖状况及土地利用/覆被变化的重要手段(高志强等,2000;罗亚等,2005)。对应遥感数据的植被指数类型众多,例如归一化植被指数(*NDVI*)、比值植被指数(*IR/R*)、差值植被指数(*Veg. Index*)等。在众多的指数中,归一化植被指数(*NDVI*)常被大多数学者所采纳。*NDVI* 的计算方法如式(2-15)所述(Gallo et al.,1993;LO et al.,1997;张兆明等,2007;曾永年等,2010)。

以 *NDVI* 为基础计算的植被覆盖度是刻画地表植被覆盖的重要参数,在全球变化研究、地表过程模拟、水文生态和城市环境研究中发挥着重要的作用。本部分以 Landsat 遥感影像数据为基础,旨在分析成都市地温与 *FVC* 之间的相关关系。已有研究表明,*FVC* 与 *LST* 之间存在显著负相关关系(岳文泽等,2006;宫阿都等,2007)。为使这种关系表现得更加直观、形象,研究通过剖面分析法(见图 3-3 所示位置),分别对 1988 年、2000 年、2005 年和 2013 年四环路以内 *LST* 和 *FVC* 数据做自西向东(W→E)方向、自北向南(N→S)方向、自北西向南东（NW→SE）方向和自北东向南西（NE→SW）方向4条剖面线。应用Matlab软件绘制像元——*LST*、*FVC*变化曲线（见图6-1～图6-4）。*LST*数据和*FVC*数据利用ArcGIS软件提取，为使图幅更加直观，绘制曲线时，*FVC*值扩大20倍。4个方向均经过城市中心繁华区域和植被覆盖较好区域，具有较强代表性。

W→E剖面图（见图6-1）反映出，四组曲线均呈波浪式变化，波峰、波谷交替出现。1988年和2000年二环路以内的地温明显高于二环路以外区域，与其对应的*FVC*二环路以内区域则明显低于二环路以外，并且一环路以内的*FVC*值整体较小。两个年份的*FVC*波动性不大，呈现四环路向内逐渐变小的规律。2005年和2013年整个剖面方向上*LST*值和*FVC*值变化较小，出现零星的峰值、谷值。例如，成都武侯外国语学校（图6-1中①所示）地温出现峰值，而*FVC*出现谷值。

N→S剖面图（见图6-2）反映出，1988年和2005年植被覆盖状况明显优于2005年和2013年，并且1988年二环路以内的地温明显高于二环路以外，而*FVC*则刚好相反，二环路以外的*FVC*明显优于二环路以内。2000年，北三环路以外的*FVC*较好，地温也相对较低。2005年和2013年，*FVC*整体比较破碎，受人为影响较严重，地温值高低变化也比较明显。郑家院子（图6-2中①所示）、二环路北附近的城北客运中心（图6-2中④所示）*LST*出现峰值，*FVC*出现谷值；锦江（图6-2中⑤所示）*LST*值较小，*FVC*值也较小，说明水体本身的特殊性即*LST*值和*FVC*值均较小。天府广场（图6-2中⑧所示）*LST*值明显高于其他区域，*FVC*值则小于其他区域。

NW→SE剖面图（见图6-3）1988年三环路以外区域地温较低，*FVC*值普遍优于其他区域且差异较小，珠江路上街（图6-3中①所示）及其附近区域出现明显的高温低植被覆盖区；2000年、2005年和2013年，城市的发展导致地温与植被覆盖度波动变化明显，基本满足*FVC*值低*LST*值高的特点。四川省皮肤病医院（图6-3中⑥所示）、市政府（图6-3中⑦所示）*LST*值较高，植被覆盖度较低；幸福梅林（图6-3中⑩所示）在各年份*LST*值较小，而植被覆盖度较高；而府河（图6-3中⑧所示）、沙河（图6-3中⑨所示）比较特殊，*LST*值较低，对应的*FVC*值同样较低，与图6-2中河流情况相同。

NE→SW剖面图（见图6-4）反映出，1988年和2000年，整体植被覆盖度较好，二环路以外明显好于二环路以内，地温值则刚好相反。2005年，植被覆盖度较低，地温较高区域范围较广，2013年，植被覆盖度状况明显好转，地温值大小差异不大。2013年，成都大熊猫繁育基地（图6-4中①所示）、太平寺（图6-4中⑩所示）地温值明显低于其他区域，而植被覆盖度明显高于周边区

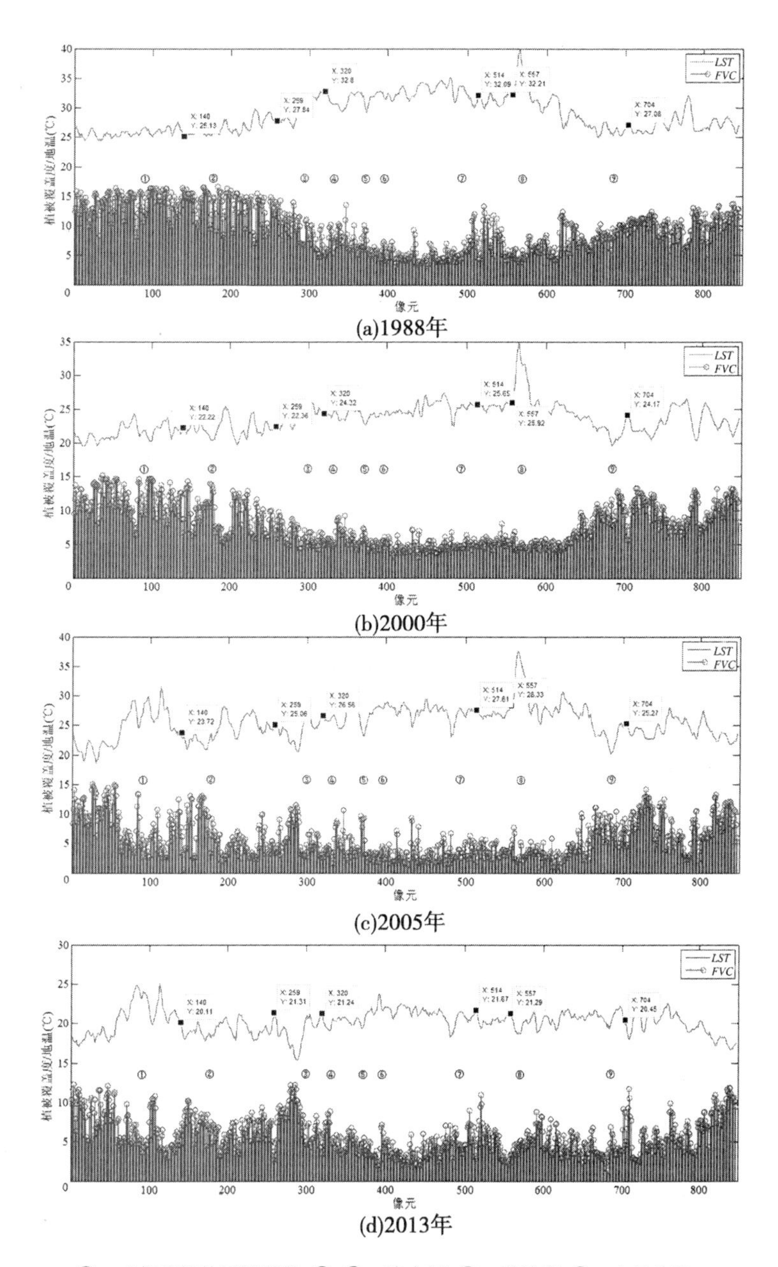

①—成都武侯外国语学校；②、③—清水河；④—青羊宫；⑤—人民公园；
⑥—市政府；⑦—成都同仁医院；⑧—成都东方职业学校；⑨—东风渠

图 6-1　W→E 剖面 *LST*、*FVC* 变化曲线

域。一环路以内的省机关事务管理局（图 6-4 中⑤所示）、省司法厅（图 6-4 中

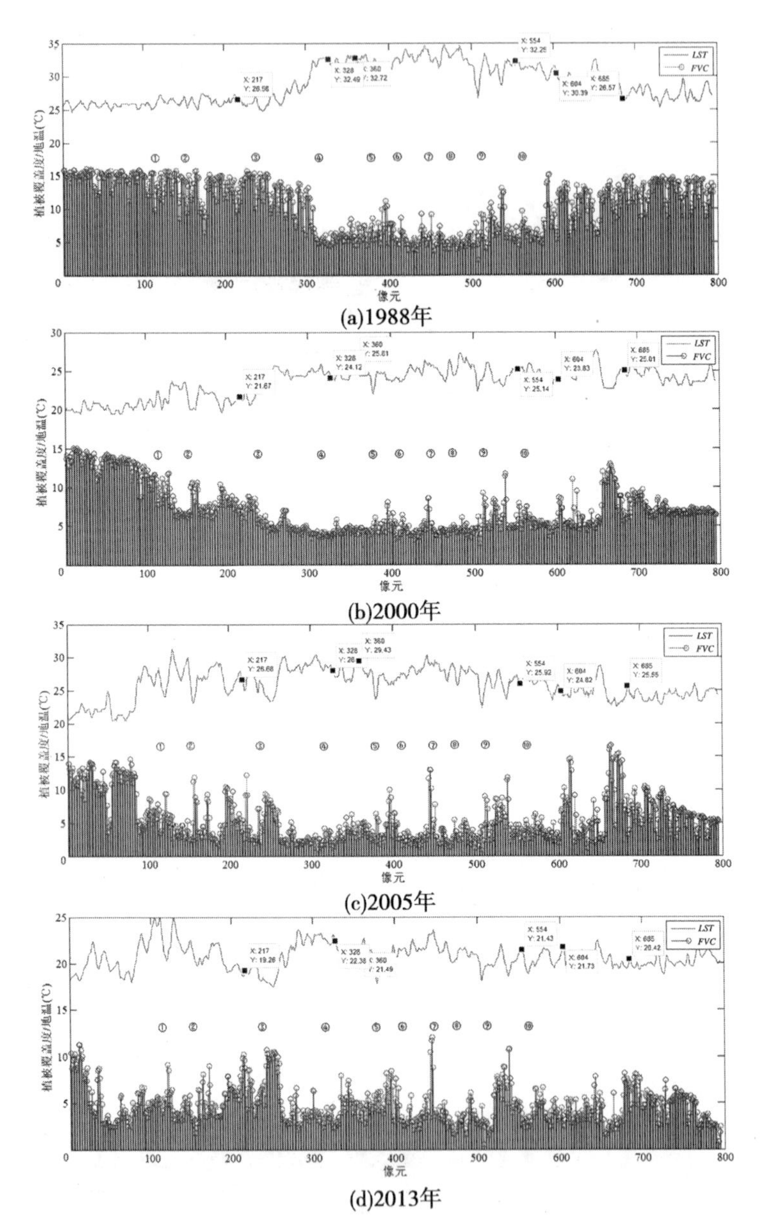

①—郑家院子;②—东风渠;③—沙河;④—城北客运中心;⑤—锦江;⑥—成都军区机关医院;
⑦—成都体育中心;⑧—天府广场;⑨—成都信息工程学院;⑩—省博物馆

图 6-2　N→S 剖面 *LST*、*FVC* 变化曲线

⑥所示)、天府广场(图 6-4 中⑦所示)在 4 个年份里地温都较高,而植被覆盖

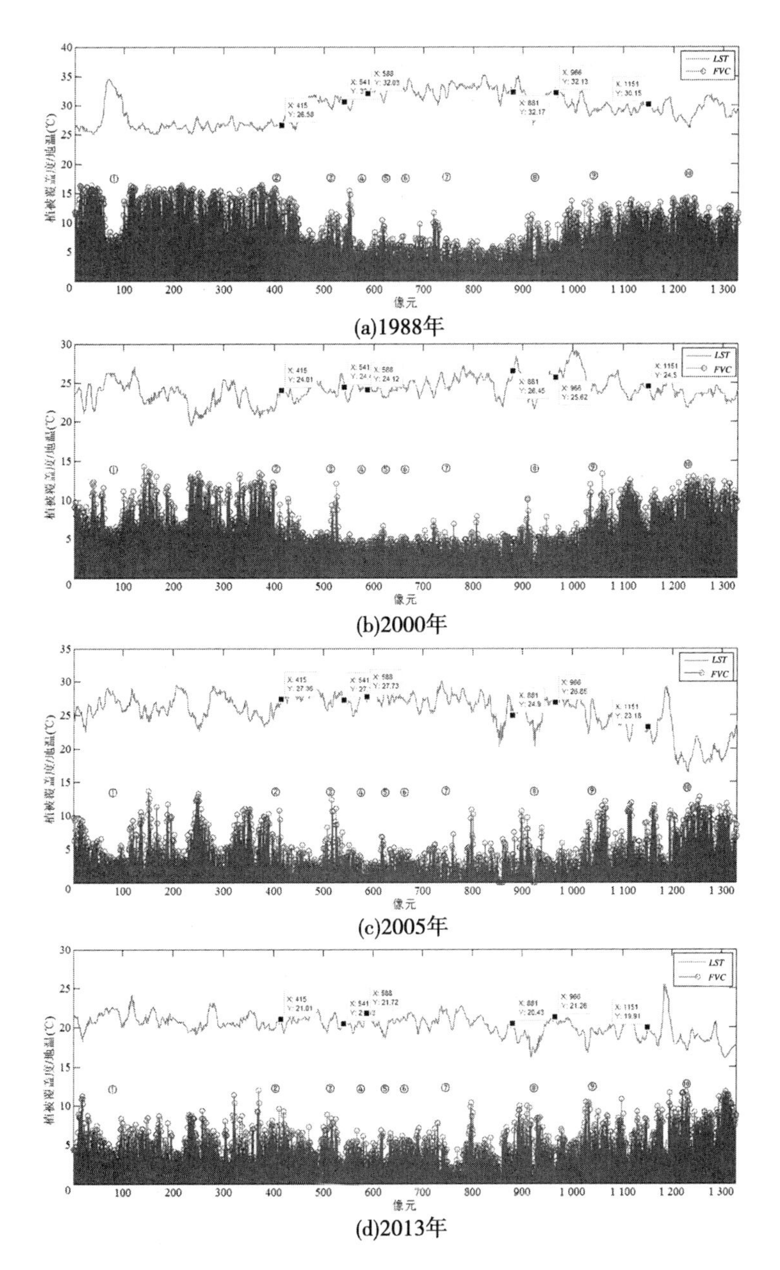

(a)1988年

(b)2000年

(c)2005年

(d)2013年

①—珠江路上街;②—金牛乡友谊小学;③—金牛体育中心;④—成都恒博医院;⑤—成都电子机械高等专科学校;⑥—省皮肤病医院;⑦—市政府;⑧—府河;⑨—沙河;⑩—幸福梅林

图 6-3　NW→SE 剖面 *LST*、*FVC* 变化曲线

度较低。而锦江(图 6-4 中④、⑧所示)地温值和植被覆盖度均较低。

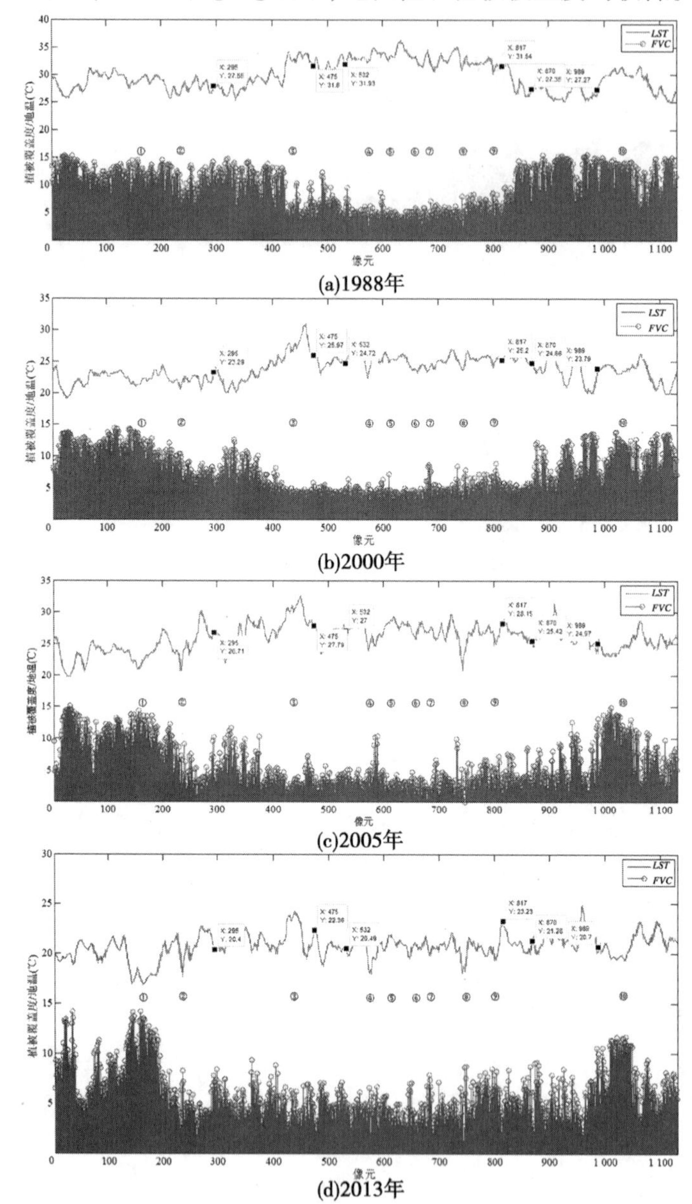

①—成都大熊猫繁育基地;②—石岭公墓南园;③—成都交通医院;④—锦江;⑤—省机关事务管理局;⑥—省司法厅;⑦—天府广场;⑧—锦江;⑨—西南民族学院;⑩—太平寺

图 6-4 NE→SW 剖面 *LST*、*FVC* 变化曲线

从图 6-1 ~ 图 6-4 可以清楚地看出，*LST* 与 *FVC* 具有明显相反的变化趋势。从宏观上说，对于地温 *LST* 而言，在二环路以内形成一个高值区，也就是城市热岛的范围，这个区间恰好是 *FVC* 的低值区间。在微观上，*LST* 的峰值恰好对应于 *LST* 的谷值，就 *LST* 和 *FVC* 来说，植被越丰富的区域，二者对比越强烈。而水体则是个例外，因为二者都是低值区。同一剖面不同年份 *LST* 和 *FVC* 差异较大。1988 年，二环路以外整体植被覆盖好，但由于城市的发展，植被覆盖状况逐步变差，极大值与极小值差异明显，植被覆盖状况人为干扰严重，到 2013 年有所改善。同一年份不同剖面的 *LST* 和 *FVC* 也有较大差异，表明同一时期城市发展变化在区域发展上也不均衡。由于，人为因素的干扰也存在个别地区不满足 *LST* 与 *FVC* 相反的变化规律。

虽然不同城市所处的地理位置以及城市内部结构的差异，导致热环境特征差异较大。但是大量研究结果表明，城市热环境状况与城市土地利用类型存在较强的相关性。道路、建筑物等不透水面由于其热传导性差，对城市热岛的形成起到很大促进作用。而植被覆盖度较高的区域，由于植被具有显著的降温增湿效果，所以能很好地缓解热岛效应带来的负面影响。

为掌握不同景观类型与 *LST*、植被之间的相关关系，必须分析不同景观类型的热环境与植被覆盖情况。这里通过各景观类型对应的 *LST* 均值和 *FVC* 均值来反映。*LST* 和 *FVC* 均值可以利用土地利用分类图（见图 4-7）分别与 *LST*、*FVC* 栅格数据进行叠加，并统计各自的均值及标准差。

图 6-5 和图 6-6 分别刻画了不同景观类型 *LST* 与 *FVC* 的均值。从图 6-5 可以看到，水域景观 *LST* 均值最小，不透水面均值最高，裸地均值其次，这主要是因为不透水面主要包括居住用地、公共设施用地、工业用地和仓储用地，它们均以显热表面为主，同时会排放大量人为热能，建设用地往往容易形成城市的热中心，而道路温度较高的原因一方面是由其下垫面性质决定的，另一方面道路上行驶的汽车会排放大量废气也是其表面呈现高温的原因。裸地虽然可以吸收一部分热量，但是由于植被较少或者没有植被，因此不能降温增湿；而对于植被（主要是耕地、林地、草地）而言，*LST* 均值较低，主要是由于它们植被覆盖较好，有较高的水分蒸发率。图 6-6 反映各景观类型 *FVC* 均值变化。除水体本身比较特殊，*FVC* 值接近 0 外，不透水面和裸地 *FVC* 均值较小。植被的 *FVC* 均值最大，再一次印证二者呈显著的负相关关系。

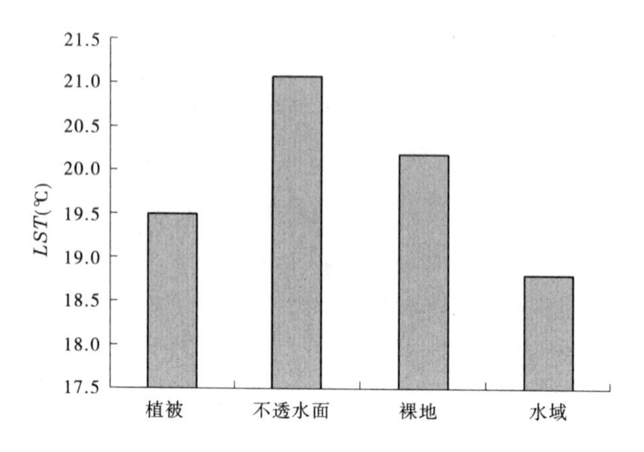

图 6-5　4 种景观类型的 *LST* 均值

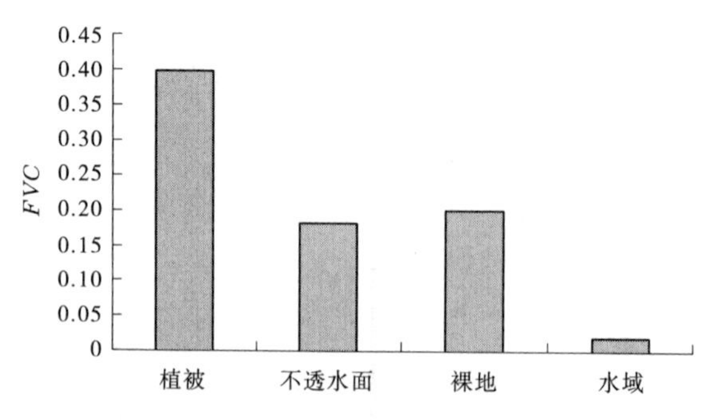

图 6-6　4 种景观类型的 *FVC* 均值

6.2　景观指数与斑块温度关系分析

上述分析表明,成都市 *LST* 与 *FVC* 存在显著的负相关关系。一般而言,*FVC* 值越大,表明植被覆盖状况越好(河流除外),良好的植被覆盖能够有效降低地温(程承旗等,2004)。因此,对于城市建成区而言,城市绿地就显得极为宝贵。城市绿地是城市生态系统中不可或缺的一部分,它对于缓解城市热岛效应、改善城市热环境和调解碳氧平衡等方面都起着至关重要的作用(刘学全等,2004;吴耀兴等,2008;张波等,2010)。一直以来,众多学者从不同角度、采用不同方法对城市绿地与城市热环境的相关关系进行分析研究(Ashie et al. ,1999;Kikegawa et al. ,2006;Yu et al. ,2006;Rizwan et al. ,2008;何介南等,2011),并取得了丰硕成果。但目前大多数的研究都停留在数值模拟和预测阶段,并未进行实际的推广应用。而以绿地斑块为研究对象,分析斑块的景观指数与热环境的量化关系,也仅有少量学者在个别城市开展。下面将以绿地斑块为研究对象,选择斑块面积、周长和形状指数(详见2.4节),通过统计分析和回归分析相结合的方法,研究三者与样本平均温度之间的定量关系。

以2013年土地利用分类图(见图4-7)为基础,结合同时期遥感影像波段组合中刻画的特征信息,选取50个绿地斑块作为样本数据。绿地样本空间分布情况如图6-7所示,80%的样本数据集中在三环路以内,样本空间分布相对比较均匀,样本大小不一,形状差异也比较大。样本选择时,应该尽量避免大面积的水体以提高分析的可靠性。由于重采样之后,多光谱和热红外波段像元大小都是30 m×30 m,对于成都市主城区内寻找大面积的绿地十分困难。因此,选择了成都四环路以内的主要公园作为样本的一部分,如人民公园、新华公园、百花潭公园、文化公园、石人公园等;也选择了植被覆盖比较好的区域,如杜甫草堂、成都动物园、成都游乐园、武侯祠等地,部分公园中存在少量水体和建筑,对研究整体影响不大。将50个样本数据对地温数据做掩膜处理即可获得各个样本的平均温度,绿地样本平均温度、植被覆盖度与景观指数统计数据如表6-1所示。

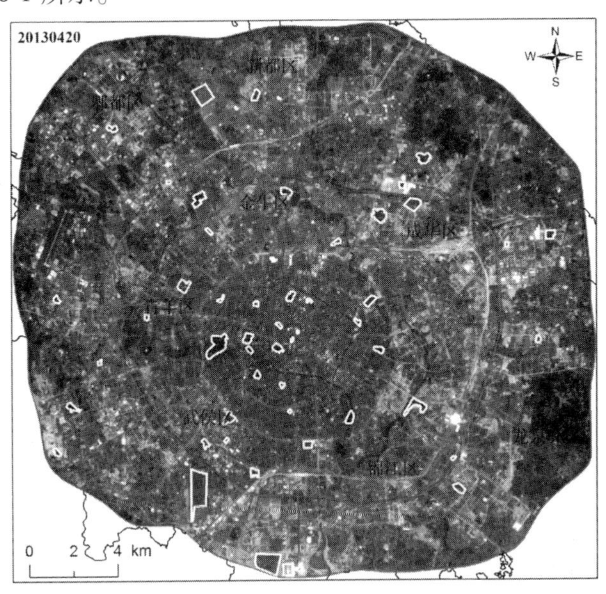

注:底图为2013年L8遥感影像,波段组合4、3、2。

图6-7 绿地样本空间分布

表 6-1　绿地样本特征数据统计

样本编号	平均温度(℃)	*FVC*	周长(km)	面积(km^2)	形状指数	说明
sample 1	17.10	0.500	3.476 2	0.471 8	1.27	杜甫草堂
sample 2	17.97	0.488	1.486 8	0.122 6	1.06	人民公园
sample 3	19.49	0.401	1.267 9	0.095 4	1.03	新华公园
sample 4	17.62	0.496	1.382 0	0.075 6	1.26	百花潭公园
sample 5	18.88	0.408	1.591 5	0.145 9	1.04	文化公园
sample 6	19.63	0.414	0.903 4	0.029 8	1.31	文殊院
sample 7	19.18	0.427	1.371 6	0.117 5	1.00	北校场
sample 8	19.27	0.401	2.071 9	0.178 8	1.23	武侯祠
sample 9	18.90	0.359	1.047 3	0.039 4	1.32	石人公园
sample 10	18.45	0.411	0.904 5	0.042 4	1.10	永陵博物馆
sample 11	18.65	0.433	0.799 3	0.040 6	0.99	省舞蹈学校
sample 12	18.27	0.466	1.994 8	0.209 3	1.09	蜀风花园
sample 13	19.44	0.449	2.474 0	0.231 3	1.29	金牛宾馆
sample 14	19.06	0.406	2.398 9	0.274 8	1.14	成都动物园
sample 15	18.25	0.468	1.117 3	0.048 8	1.26	成都游乐园
sample 16	18.14	0.445	3.224 3	0.265 6	1.56	塔子山公园
sample 17	17.71	0.471	4.273 8	0.364 3	1.77	望江楼公园
sample 18	19.01	0.441	0.946 9	0.041 3	1.16	金牛公园
sample 19	18.51	0.414	0.926 9	0.029 4	1.35	—
sample 20	19.18	0.524	0.412 8	0.010 5	1.01	—
sample 21	19.18	0.406	0.886 6	0.039 9	1.11	—
sample 22	20.65	0.380	0.559 4	0.016 8	1.08	—
sample 23	19.54	0.430	1.290 0	0.078 3	1.15	—
sample 24	18.59	0.521	1.117 9	0.067 7	1.07	—
sample 25	18.71	0.473	0.574 6	0.021 0	0.99	—
sample 26	19.59	0.456	1.431 9	0.091 8	1.18	—
sample 27	18.22	0.468	1.458 7	0.132 9	1.00	—
sample 28	19.04	0.416	0.869 1	0.039 7	1.09	—
sample 29	19.62	0.387	1.819 3	0.164 8	1.12	—

续表 6-1

样本编号	平均温度(℃)	*FVC*	周长(km)	面积(km^2)	形状指数	说明
sample 30	20.75	0.449	0.523 9	0.019 6	0.93	—
sample 31	19.25	0.415	1.637 1	0.151 6	1.05	—
sample 32	19.57	0.375	1.185 9	0.063 5	1.18	—
sample 33	19.14	0.355	3.666 8	0.814 3	1.02	—
sample 34	19.72	0.499	1.640 2	0.114 5	1.21	成都高新体育公园
sample 35	18.58	0.428	1.538 3	0.143 4	1.02	—
sample 36	21.16	0.379	0.929 6	0.055 5	0.99	—
sample 37	20.08	0.374	1.598 7	0.147 1	1.04	—
sample 38	19.17	0.463	0.714 5	0.031 1	1.01	—
sample 39	21.21	0.368	0.846 8	0.033 5	1.16	—
sample 40	18.90	0.432	2.458 4	0.190 9	1.41	—
sample 41	18.69	0.479	1.791 7	0.118 0	1.30	—
sample 42	21.50	0.396	0.516 3	0.014 9	1.06	—
sample 43	18.69	0.387	1.471 1	0.113 6	1.09	—
sample 44	20.34	0.407	0.720 2	0.029 1	1.06	—
sample 45	20.04	0.507	5.620 0	1.084 4	1.35	太平寺
sample 46	18.89	0.437	2.858 0	0.507 7	1.00	—
sample 47	19.65	0.430	2.018 5	0.265 8	0.98	—
sample 48	19.71	0.499	1.066 1	0.065 9	1.04	—
sample 49	19.11	0.512	1.933 2	0.197 2	1.09	—
sample 50	19.03	0.501	2.675 3	0.296 0	1.23	—

其中,斑块形状指按照式(2-27)计算求得。面积最大值为 1.084 4 km^2,最小值为0.010 5 km^2,平均值为0.158 9 km^2;周长最大值为5.62 km,最小值为0.412 8 km,平均值为1.589 8 km;除第11、25、30、36、41样本形状指数接近1外,其余形状指数均为1~2,形状指数最大的是塔子山公园,其值为1.56,最小的是样本30,其值为0.93,平均值为1.14。平均温度差异较小,最

小值为 17.10 ℃，最大值为 21.5 ℃，平均值为 19.18 ℃。

绿地斑块平均温度与边长、面积等景观指数的关系，实质是它们影响斑块热量传递与平衡的过程。本书采用地学统计的方法对斑块平均温度与其面积、周长、形状指数的关系分别进行回归分析，以深入研究其内在规律。

6.2.1 平均温度与面积的关系

王雪(2006)在研究深圳市绿地热环境效应时，采用对数模型对深圳特区内主要的公园绿地的面积与其平均温度进行拟合，拟合结果发现 R^2 达到 0.606 1，证明随着公园面积的增加，其对应的温度迅速减小。参照此思路对成都市四环路以内绿地样本平均温度与面积的相关关系采用对数模型进行拟合(见图 6-8)，拟合模型为 $y = -0.3\ln x + 18.465$，方程的确定性系数 $R^2 = 0.1231$。由此认为，绿地斑块所对应的平均温度与面积的相关性比较弱，50 个样本面积为 0.010 5 ~ 1.084 4 km^2，分析发现随着样本面积的增加，对应斑块的平均温度呈现出逐渐降低的趋势，但是这种趋势规律性不强。同时未出现明显的拐点。前期对绵阳市绿地景观热环境效应进行同类研究时也有类似结果出现。

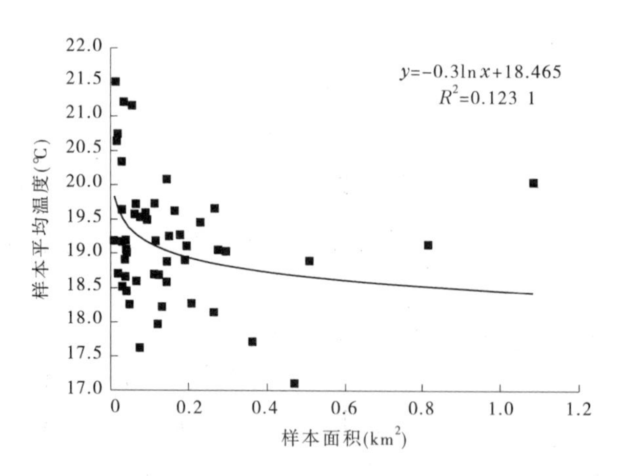

图 6-8 平均温度与面积相关性分析

当然，由于其内部地表覆盖及植被生长状况的差异等，例如一些绿地内部几乎很少有不透水面，而另外一些绿地内部却有大面积的水面等，导致面积较大的绿地之间也存在着较大的差异。该差异在一定程度上影响拟合精度。

6.2.2 平均温度与周长的关系

斑块边界的宽度、周长、连续性和曲折性是衡量边界形态的主要指标，本书选用边界周长作为边界的指标，计算发现，成都市绿地斑块周长与其所对应的平均温度的统计关系也不明显，方程的确定性系数 $R^2 = 0.1575$。图6-9为成都市绿地斑块的周长与绿地表面温度关系的散点图，曲线为回归模拟结果。利用对数对其进行拟合，拟合后模型为 $y = -0.62\ln x + 19.379$。样本数据反映，二者不存在显著的统计相关性。

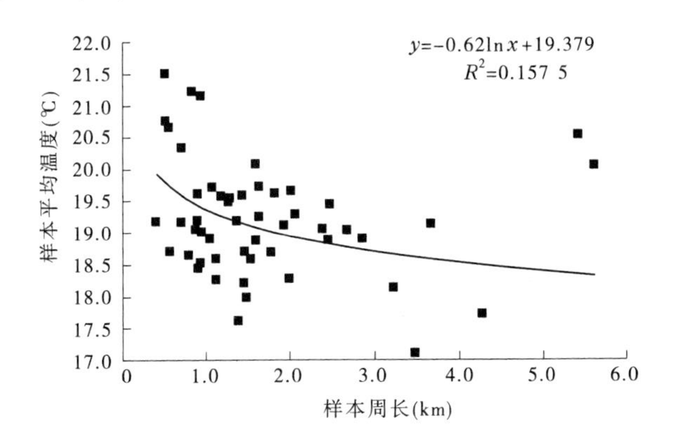

图6-9　平均温度与周长相关性分析

6.2.3 平均温度与形状指数的关系

一般而言，城市绿地的空间分布结构一般包括以下几种基本形式（康慕谊，1997；王雪，2006）：

（1）点状结构。该结构多出现在老城区。

（2）带状结构。如环状、放射状、放射环状、网状、指状、条带状等。这种结构多是利用河湖水系、城市道路、旧城墙等因素，形成纵横向绿带、放射状绿带与环状绿带交织的绿地网。

（3）楔状结构。是指绿地分布由郊区伸入到市中心，呈现出从宽到窄的绿带。这种结构多为利用河流、起伏的地形、放射干道等，并结合市郊农田、防护林而形成的。

（4）混合式结构。由前三种结构综合而成，可以做到城市绿地点、线、面结合，形成较完整的体系。

对成都市而言，老城区的居住区内的绿地，主要以点状分布为主，由于绿地面积较小,以及周围建筑物的影响,这些绿地对缓解城市热环境、改善城市微气候的作用微乎其微。分布在河流、道路沿线的带状绿地,可以在一定程度上调节地面温度,如锦江滨江路两旁的绿地对其热环境效应有一定的影响。

根据景观生态学的相关理论可知,斑块形状指数是反映斑块形状的参数,其值越小,表明斑块的形状越规则、简单;相反,斑块的形状越复杂,绿地内部的物质、能量以及信息越容易与周围环境交换。因此,选择形状指数作为参数,可研究其与绿地斑块平均温度的关系。二者的相关关系采用对数模型进行拟合(见图6-10),拟合后的模型为 $y = -2.367\ln x + 19.481$,方程的确定性系数 $R^2 = 0.115\ 2$,二者的相关性很弱。

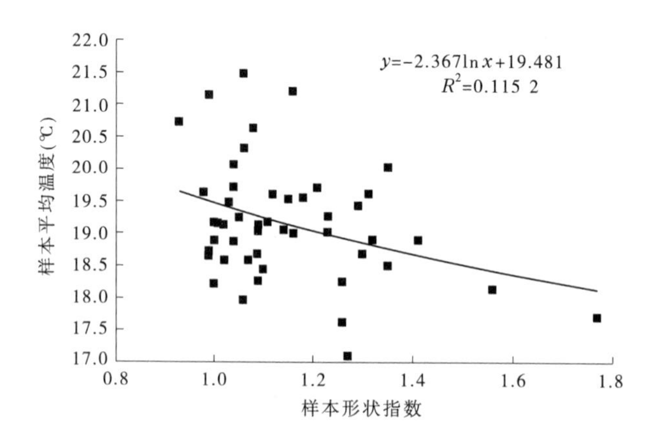

图6-10 平均温度与形状指数相关性分析

对平均温度与面积、周长和形状指数进行拟合时发现其存在很大的相似性。本部分的研究成果与前人的研究存在一定的差异,部分学者采用线性模型或对数模型对样本进行拟合,结果显示,绿地斑块平均温度与斑块面积、周长呈负相关关系,绿地斑块平均温度与形状指数呈正相关关系;也有部分学者研究认为,绿地斑块平均温度与斑块面积、周长和形状指数不存在相关性。造成差异的主要原因之一是在样本选取上,部分样本中包含少量水体,如喷泉、水池等,或者样本中存在少量不透水面和建筑,这都会对回归分析效果产生影响。

6.2.4 平均温度与植被覆盖度的关系

图6-11为绿地样本的植被覆盖度与其对应的平均温度曲线图,整体上看,地温值较大的像元对应的植被覆盖度值较小,地温值较低的像元对应的植

被覆盖度值较大,二者呈显著的负相关关系。为定量分析绿地斑块平均温度与植被覆盖度的相关关系,采用线性函数进行拟合,拟合后的模型为 $y = -13.581x + 25.095$,方程的确定性系数 $R^2 = 0.5111$,通过了 F 检验,二者存在较强的相关性。如杜甫草堂的植被盖度达到 0.5,其对应的平均温度也较低,为17.10 ℃,而石人公园的平均植被盖度最低,仅为 0.359,其平均地面温度为18.90 ℃,比杜甫草堂高出 1.8 ℃,这也充分说明了植被覆盖越好的绿地,自身的平均温度越低,对城市热环境的缓解作用越明显。

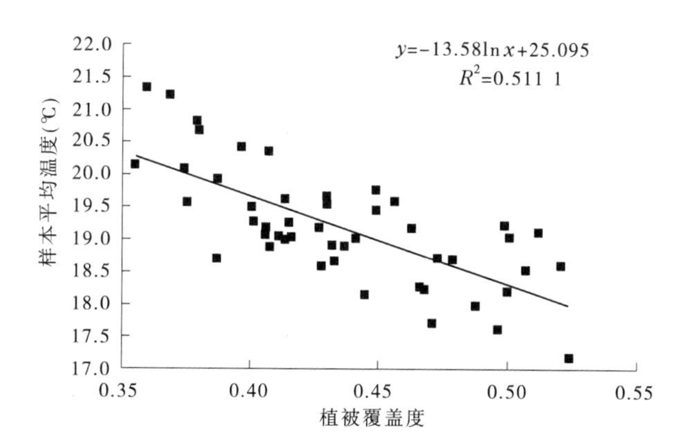

图 6-11　平均温度与植被覆盖度相关性分析

6.3　绿地景观对周围热环境的影响

6.3.1　影响范围的确定

关于绿地斑块对周围温度影像范围确定的方法,大部分学者借助的是缓冲区分析(高凯等,2010;张波等,2010;雷江丽等,2011)。该方法首先在 ArcGIS 软件中针对样本斑块选择不同的缓冲区半径进行多次缓冲区分析,再利用各个缓冲区范围对地温数据进行掩膜处理,从而获得缓冲区对应的温度分布图,然后利用 ArcGIS 软件完成对每个样本及其缓冲的平均温度计算,最后对样本的平均温度和缓冲区的平均温度做差,将此差异与阈值比较,阈值大小一般选择为 0.3 ℃(栾庆祖等,2014),通过此方法确定缓冲半径,进而确定降温范围。此方法的主要不足是准确性较低并且数据处理工作量大,同时绿地斑块不像河流那样降温效果明显,面积比较小的绿地降温范围有限,所以缓冲半径的精确确定是一个难点。实际上绿地景观对周围热环境的降温作用受地理位置、周围环境等多种因素的共同制约，即使降温幅度相同，但在空间分布上也存在显著差异。

针对以上不足，本书采用更为高效的影响范围和降温幅度确定方法，根据Kriging插值和等温线生成全部样本的等温线分布图，以分布图为依据确定绿地降温边界和边界温度，结合等高线的相关理论，通过量测多个典型方向上降温距离精确确定绿地降温范围，详细流程如下：

(1)为样本选择一定范围的研究区域，范围大小根据样本周围的温度场特征确定，一般东、西、南、北4个方向上尽量包含温度较高区域，以更好地刻画样本的降温效果。

(2)将样本范围与地表热场数据做掩膜处理，获得样本及周边区域热场数据。

(3)利用ArcGIS软件的转换工具中由栅格转点功能，将样本范围内的栅格数据转为ArcGIS中的点数据，操作界面如图6-12所示。

图6-12　栅格转点界面

(4)打开ArcGIS软件的3D Analyst工具，选择栅格插值中的克里金法。算法的相关设置如图6-13所示，注意Z值字段应选择地温对应的字段名，克里金法选择普通克里金法。由此可以实现将样本范围内地温数据分成所需等级。

(5)利用Spatial Analyst工具中表面分析功能绘制等温线，等温线绘制界面如图6-14所示。设置时，需要注意图6-14中①等值线间距的选择，研究时根据实际情况设置为0.2~0.5 ℃，该值越小，绘制的等温线越密集，结果越贴近实际，但软件运算时间也越长。操作时，需参考样本实际降温效果及周边地

图 6-13　克里金法插值界面

温。然后,将此数据与 Kriging 法生成的分级图叠加。

图 6-14　等温线绘制界面

(6)根据上述处理结果,确定降温边界等温线,计算降温效果。

6.3.2　降温效果分析

以样本 1 杜甫草堂为典型案例,根据上述方法,绘制等温线分布图,如图 6-15(a) ~ (c)所示。(a)图等温线间距为 0.2 ℃,(b)图等温线间距为 1 ℃,(c)图等温线间距为 0.5 ℃,选取 3 种不同的等温线间距生成的等温线图详细程度存在较大差异。按照等温线间距为 0.2 ℃绘制的等温线过密较难确定降温边界,而(b)图按照等温线间距为 1 ℃的等温线太稀疏,此时可能会丢失温度变化显著区域,若以此为基础确定降温边界可能会导致不准确,(c)图按照等温线间距为 0.5 ℃绘制的等温线,等温线的疏密程度刚好介于二者之间,既能准确反映斑块在空间上的降温效果,又能以此准确确定降温边界。

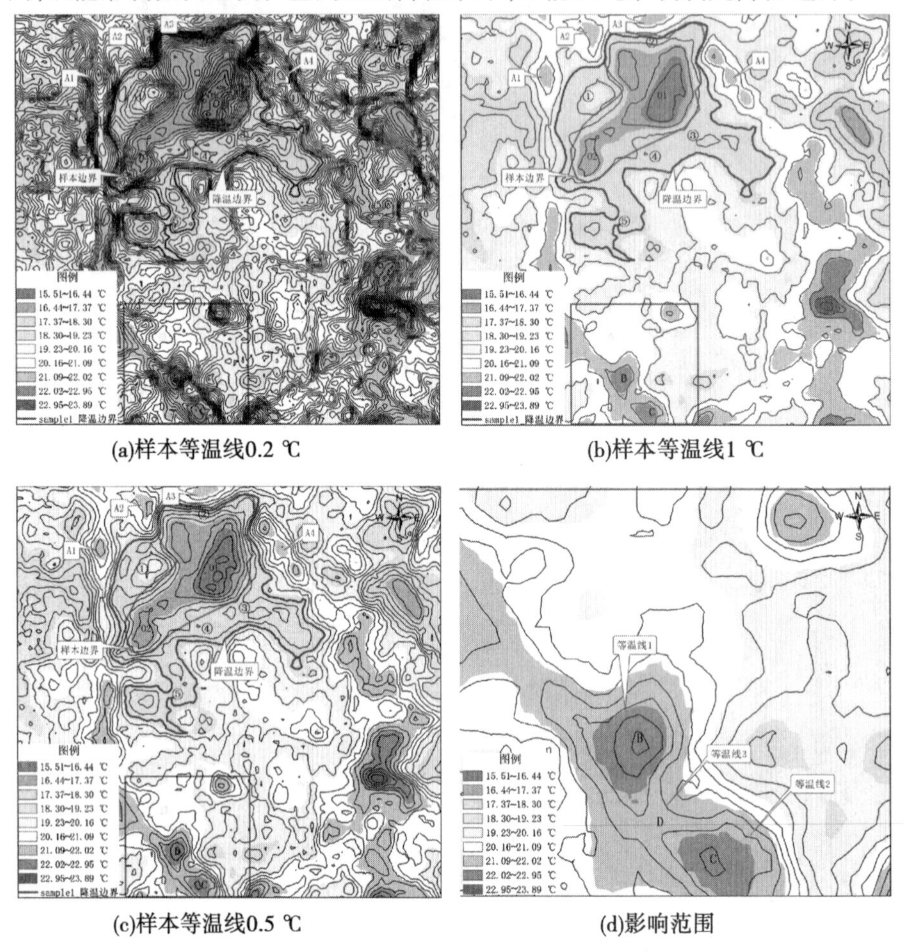

(a)样本等温线0.2 ℃

(b)样本等温线1 ℃

(c)样本等温线0.5 ℃

(d)影响范围

图 6-15　等温线分布

图 6-15(c)中红色实线为样本边界线,根据遥感影像提取获得,蓝色实线为样本降温边界,它刻画了该样本在空间上的降温效果。从图 6-15 中发现该样本不同空间区域的降温程度、效果存在较大差异。结合测绘学中等高线平距的含义不难理解,等温线密集的地方温度下降速度快,稀疏的地方温度下降速度慢。图 6-15(c)中①、③、⑤三个方向温度下速度缓慢,影响的范围大,②和④两个方向温度下降速度较快,影响范围较小,尤其是②方向降温边界和斑块边界之间的距离非常小,部分位置几乎重合。由此表明,在该方向上的降温

效果非常有限。受多重因素的影响,同一个样本在不同空间区域降温幅度差异明显,样本南方向上整体温度偏低,在降温的过程中对能量的消耗比较少,因此影响的范围更广,而在样本东和西北两个方向上温度则相对较高,形成了A1、A2、A3、A4 四个热中心,虽然热中心的强度不大,但是在降温过程中对热量的消耗会更多,因此在这个方向上影响范围较小。而西方上存在另一个低温区,所以在此方向上降温效果比较复杂,应该是二者共同作用的结果,不适宜单独评价分析。样本内部的地温分布也是不均匀的,①区域温度更低,②温度要稍微高一些,①的降温效果肯定强于②,这也是导致在③方向上影响范围更广的主要原因之一。

另外,随着等温线周长的增加,地温逐渐上升,绿地斑块的降温效果也逐渐减弱直至降温边界。样本的平均温度值为 17.10 ℃,位于降温边界的等温线温度值为 19.00 ℃,降温幅度为 1.90 ℃。

将(c)图中方框内区域放大得图 6-15(d)。B、C 分别代表两个热中心,热中心 B 的强度强于 C,围绕 B、C 各自形成等温线,所以热中心 B 升温效果更明显,D 区域受 B、C 两个热中心共同影响,二者对 C 区域影响程度的大小无法精确确定,(d)图中等温线 1 和等温线 2 分别是以 B 和 C 为独立热中心最外围的一条闭合等温线,等温线 3 则是连接 B、C 两个热中心的第一条等温线,因此可以认为等温线 1 和等温线 2 分别为 A、B 两个热中心单独升温的边界线,绿地降温也是相同的原理。由此可知,每个绿地样本边界线以外最后那条单独闭合的等温线即可作为其降温边界线。

从样本边界开始至降温边界所形成的区域为降温范围,该绿地斑块内部组成及周围环境的差异导致在不同方向上降温效果不同,这里以斑块边界至降温边界的平距来表示其降温范围,通过 ArcGIS 软件量取部分典型方向的水平距离,然后将各距离取平均值作为该斑块降温范围的衡量指标。如图 6-15(c)所示,①方向的斑块边界到降温边界的直线距离约为 322 m,②方向的斑块边界到降温边界的直线距离几乎为 0,说明在此方向上该斑块基本不存在降温效果,③方向的斑块边界到降温边界的直线距离约为 646 m,④方向的斑块边界到降温边界的直线距离约为 242 m,⑤方向的斑块边界到降温边界的直线距离约为 444 m,取 5 个典型方向的算术平均值 331 m 作为斑块的降温范围。

按照此种方法将 50 个样本降温效果统计于表 6-2 中,并绘制样本与降温范围散点图(见图 6-16)和样本与降温幅度散点图(见图 6-17)。表 6-2 反映 50 个样本的降温边界温度、降温幅度和降温范围 3 个指标,其中降温边界温度差异不大,最大值为21.80 ℃,最小值为18.50 ℃,二者相差3.3 ℃;降温幅度最大值为1.90 ℃,最小值为0.10 ℃,二者相差1.8 ℃,若参考前人的研究成果,降温幅度≤0.3 ℃(栾庆祖等,2014)定义为不受绿地斑块影响,可以认为样本6、20、22、32、38和42不存在显著降温效果;降温范围方面,最大值为331 m,最小值为15 m,二者相差316 m。

表6-2 斑块降温效果统计信息

样本编号	降温边界温度(℃)	降温幅度(℃)	降温范围(m)	样本编号	降温边界温度(℃)	降温幅度(℃)	降温范围(m)
1	19.00	1.90	331	26	20.80	1.21	78
2	19.00	1.03	23	27	19.20	0.98	56
3	20.00	0.51	41	28	20.00	0.96	45
4	18.50	0.88	93	29	20.54	0.92	84
5	19.55	0.67	62	30	21.40	0.65	23
6	19.80	0.17	15	31	19.81	0.56	52
7	20.40	1.22	42	32	19.80	0.23	19
8	20.04	0.77	31	33	20.87	1.73	134
9	19.20	0.30	22	34	20.20	0.48	74
10	19.00	0.55	27	35	19.80	1.22	90
11	19.40	0.75	34	36	21.60	0.44	23
12	19.33	1.06	46	37	21.30	1.22	81
13	20.42	0.98	28	38	19.40	0.23	32
14	19.82	0.76	21	39	21.80	0.59	47
15	19.00	0.75	32	40	19.60	0.70	87
16	19.40	1.26	46	41	19.60	0.91	105
17	18.60	0.89	43	42	21.60	0.10	19
18	19.81	0.80	61	43	19.60	0.91	74
19	18.82	0.31	19	44	21.00	0.66	85
20	19.40	0.22	17	45	21.72	1.68	232
21	19.80	0.62	128	46	20.10	1.21	48
22	20.80	0.15	19	47	20.53	0.88	104
23	20.19	0.65	105	48	20.60	0.89	47
24	19.20	0.61	28	49	20.00	0.89	89
25	19.31	0.60	41	50	20.04	1.01	121

分析表6-2发现,若以0.5 ℃为降温幅度统计区间,50个样本中降温幅度

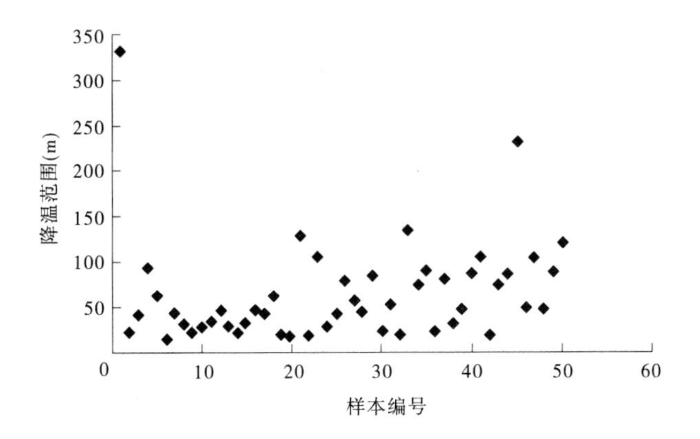

图 6-16　样本与降温范围散点图

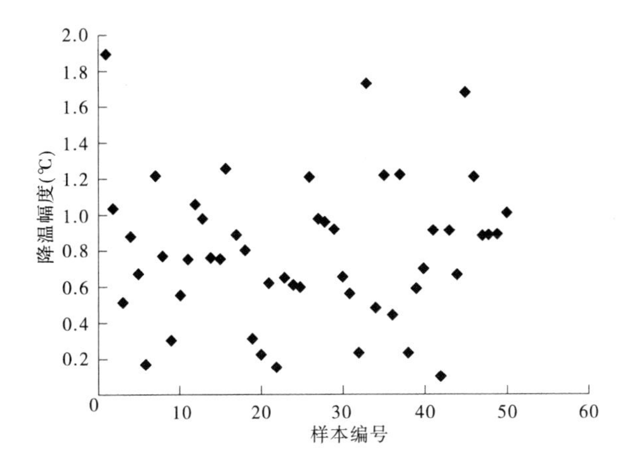

图 6-17　样本与降温幅度散点图

小于0.5 ℃的样本有10个,占样本总数的25%;降温幅度在0.5~1.0 ℃区间的样本有28个,占样本总数的56%;降温幅度在1.0~1.5 ℃区间的样本有9个,占样本总数的18%;降温幅度大于1.5 ℃的样本有3个,占样本总数的6%。降温幅度超过2 ℃的样本为0个,最大降温幅度为1.9 ℃,平均降温幅度约为0.79 ℃,根据统计学的相关理论,可以认为样本的降温幅度不超过2 ℃,无限制地增加绿地面积并不能达到理想的降温效果。

若以50 m为降温范围统计区间,50个样本中降温范围小于50 m的样本有28个,占样本总数的56%;降温范围在50~100 m区间的样本有14个,占样本总数的28%;降温范围在100~150 m区间的样本有6个,占样本总数的

12%；降温范围在 150～200 m 区间的样本有 0 个；降温范围在 200～250 m 区间的样本和降温范围在 300～350 m 区间的样本各 1 个，均占样本总数的 2%。最大降温范围为 331 m，平均降温范围约为 64 m。

6.3.3 景观指数与降温效果分析

下面将利用样本边界温度与样本平均温度之差来反映绿地斑块对周围热环境影响的一般规律。用对数模型分别对样本斑块的面积与平均温差、周长与平均温差和形状指数与平均温差进行拟合。具体拟合模型见图 6-18～图 6-20，其中 y 轴为样本边界温度与样本平均温度之差，x 轴分别代表斑块的面积、周长和形状指数。

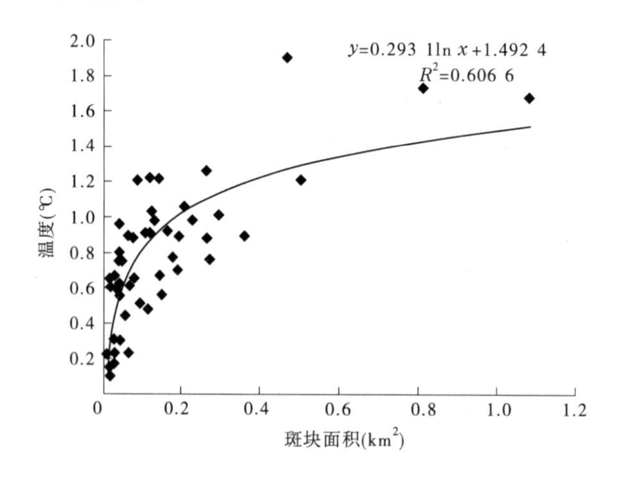

图 6-18 温差与绿地斑块面积相关性分析

图 6-18 反映了斑块面积与温差的相关关系，拟合的对数模型为 $y = 0.293\ 1\ln x + 1.492\ 4$，确定性系数 R^2 为 0.606 6，证明拟合效果较好，二者存在较强的相关性。分析发现，当面积从 0 开始增加到 0.4 km² 左右时，温差迅速从 0 ℃增加到 1.2 ℃，而从 0.4 km² 继续增加的过程中，温差变化速率明显变缓，这说明将绿地斑块面积规划为 0.4 km² 将会使其降温效果达到最佳，无限制地增加绿地面积并不一定能达到理想效果。图 6-19 反映了斑块周长与温差的相关关系，拟合的对数模型为 $y = 0.490\ 2\ln x + 0.631\ 4$，确定性系数 R^2 为 0.542 9，证明拟合效果较好，二者存在一定的相关性。分析发现，当周长从 0 开始增加时，温差也随之增加，在 0.5 km 以内时，温差迅速从 0 ℃增加到 1.4 ℃。随着周长不断增加，温差变化逐渐放缓。图 6-20 反映了斑块形状指数与

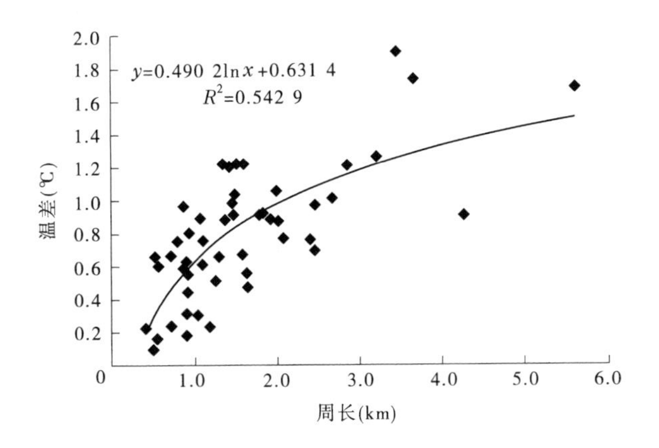

图 6-19 温差与绿地斑块周长相关性分析

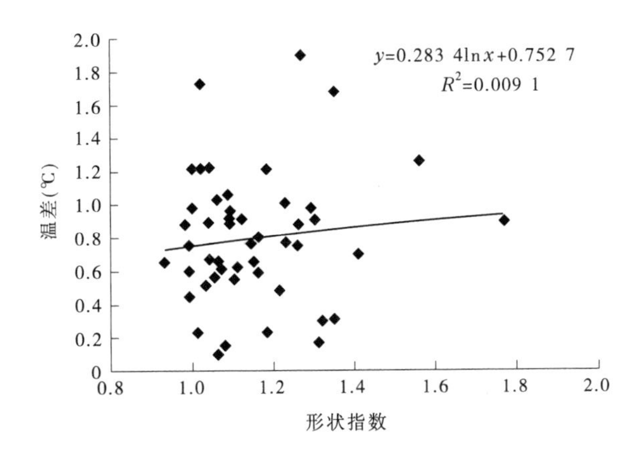

图 6-20 温差与绿地斑块形状指数相关性分析

温差的相关关系，拟合的对数模型为 $y = 0.283\ 4\ln x + 0.752\ 7$，确定性系数 R^2 为0.009 1，证明二者之间不存在相关性。形状指数综合考虑了周长和面积的特性，用周长与面积之比作为评价斑块复杂程度的标准。综合以上分析和3个拟合函数及图像发现，面积指数和周长指数对温差反应较敏感，而形状指数与温差关联不大。因此，在城市景观规划中，对于城市绿地斑块设计时，应重点考虑斑块面积和周长，同时要兼顾美观，优化绿地斑块的形状，使其形状不能过于单一、规则，增加其复杂程度将有助于绿地斑块与周围环境的能量交换，最大限度地发挥其改善和提高城市生态环境的效率。

第 7 章　水域景观的热环境效应

在所有城市景观类型中，城市水域景观是城市中重要的生态空间之一，是城市中自然要素最为密集、自然过程最为复杂的地域，对城市景观生态系统形成和发展具有重要的影响。根据地表热量平衡的原理，水体具有较大的热惯性和热容量值、较低的热传导和热辐射率。AVHRR 温度场昼夜变化规律表明（李海峰，2012），水体比陆地的温差小。白天主要是吸热，而从傍晚开始直至凌晨它主要是放热。同时，如果有大面积的水域存在还可以改变局部小气候。此外，在太阳辐射下，由于吸热面和储热面较多，水泥路面和建筑物表面储存的热量要多于水体和绿地。为进一步分析水域景观的热环境效应，本章将以成都市主城区内的锦江、沙河、府河和东风渠 4 条典型河流为研究对象，以 2013 年 Landsat－8 TIRS 传感器的 TIRS10 反演的地温数据为基础，分析 4 条河流的热环境效应。

7.1　水域景观格局

利用前述混合像元分解时，由于水体比较特殊，因此实际操作时配合目视解译提取城市水域景观。成都河网密度较大，有岷江、沱江等 12 条干流及几十条支流，库、塘、堰、渠星罗棋布，研究选择贯穿主城区的锦江、沙河、府河和东风渠 4 条典型河流，并将基塘等其他水域景观剔除后，水域景观分布图如图 7-1所示。4 条典型河流贯穿成都主城区，其中东风渠在龙泉驿区范围内穿入十陵森林公园，与公园内有大面积水体汇流；锦江则流经东湖公园，公园内同样有大面积水体。

7.2　水域景观对周围热环境的影响

利用 4 条河流范围矢量数据对 2013 年 *LST* 数据做掩膜处理，从中提取水域景观对应的地温数据，其分布状况如图 7-2 所示，对 4 条河流面最低温度、最高温度、温差、平均温度和标准差进行统计，结果列于表 7-1 中。其中，锦江最低温度为 14.07 ℃，最高温度为 21.39 ℃，温差为 7.32 ℃，平均温度为

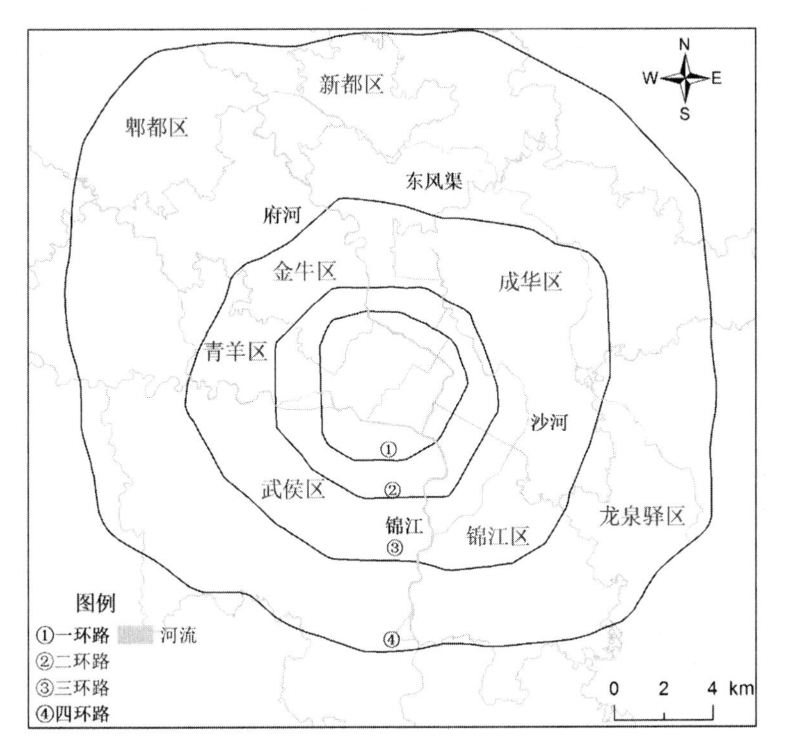

图 7-1　水域景观分布

17.89 ℃,标准差为 1.08;沙河最低温度为 16.18 ℃,最高温度为 20.85 ℃,温差为 4.67 ℃,平均温度为 18.22 ℃,标准差为 0.82;府河最低温度为 15.35 ℃,最高温度为 21.73 ℃,温差为 6.38 ℃,平均温度为 18.32 ℃,标准差为 0.93;东风渠最低温度为 14.17 ℃,最高温度为 22.93 ℃,温差为 8.76 ℃,平均温度为 18.47 ℃,标准差为 1.84。

标准差(standard deviation)也称均方差(mean square error),是数据中全部样本偏离样本平均数程度的综合反映,它能刻画一个数据集的离散程度。例如,4 条河流中沙河的标准差最小,表明沙河河面每个像元的温度均比较接近河面温度的平均值,而且该河流面温差为 4.67 ℃,也是 4 条河流中最小的;反观东风渠标准差为 1.84,温差为 8.76 ℃,两项指标值在 4 条河流中均是最大。由此说明,东风渠不同区域河面温度差异较大。四环路以内的平均温度约为 20.23 ℃,4 条河流的平均温度均低于该值,表明白天水域景观具有明显的降温效果。

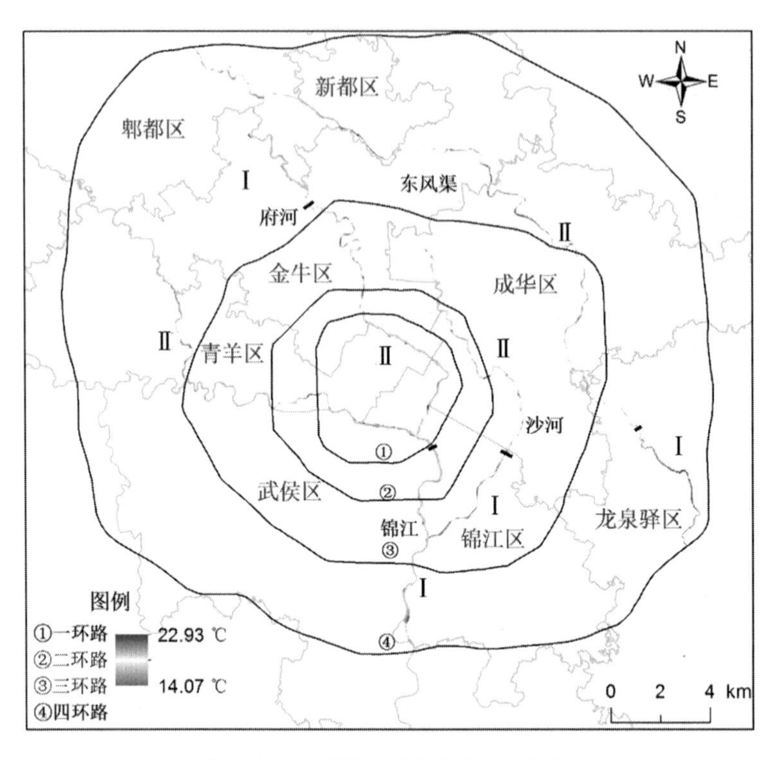

图 7-2 水域景观对应的地温度分布

表 7-1 典型河流温度数据统计

河流	温度				
	最小值(℃)	最大值(℃)	差值(℃)	平均值(℃)	标准差
锦江	14.07	21.39	7.32	17.89	1.08
沙河	16.18	20.85	4.67	18.22	0.82
府河	15.35	21.73	6.38	18.32	0.93
东风渠	14.17	22.93	8.76	18.47	1.84

7.2.1 影响范围的确定

目前,确定河流降温范围最快速、有效的方法就是缓冲区分析法,也是大多数学者进行相关研究时采用的方法。以河流矢量边界为基础利用 ArcGIS 软件进行缓冲区分析,每次输入不同的缓冲半径。考虑到重采样之后的地温数据像元大小是 30 m×30 m,所以缓冲分析半径选择以 30 m 为等差数列递增，即 30 m、60 m、90 m、120 m……分别利用河流矢量边界和扣除河流后的缓冲区范围对地温数据进行掩膜处理，即获得河流、不同缓冲区范围的地温数据，对河流与缓冲区范围内数据进行统计，然后对比河面的平均温度与缓冲范围内平均温度，确定影响范围。根据上述方法，对缓冲区的平均温度进行统计，结果列于表 7-2，并绘制河流缓冲区距离与缓冲区平均温度关系曲线（见图 7-3）。

表 7-2　缓冲距离与缓冲区内平均温度

缓冲距离(m)	缓冲区平均温度(℃)			
	锦江	沙河	府河	东风渠
0	17.89	18.22	18.32	18.47
30	18.31	18.48	18.53	18.68
60	18.49	18.72	18.83	18.88
90	18.67	18.93	19.11	19.10
120	18.84	19.13	19.34	19.28
150	18.97	19.28	19.52	19.41
180	19.07	19.41	19.66	19.51
210	19.15	19.51	19.77	19.62
240	19.21	19.55	19.86	19.65
270	19.22	19.57	19.90	19.68

图 7-3 表明 4 条曲线整体走向基本一致，在较短的缓冲距离内，缓冲区内平均温度增加得非常迅速，降温效果显著，当距离达到一定程度后，平均温度增加得非常缓慢或基本保持不变。对比易知，锦江河面的平均温度最低，然后是沙河和府河，东风渠的平均温度最高。分析表 7-2 可知，锦江缓冲距离在 240 m 和 270 m 时温差为 0.01 ℃；沙河缓冲距离在 210 m 和 240 m 时温差为 0.04 ℃；府河缓冲距离在 240 m 和 270 m 时温差为 0.04 ℃；东风渠缓冲距离在 210 m 和 240 m 时温差为 0.03 ℃，在 240 m 和 270 m 时温差同样是 0.03 ℃，由此锦江、沙河、府河、东风渠的缓冲区分析距离分别选择 240 m、210 m、240 m 和 210 m。

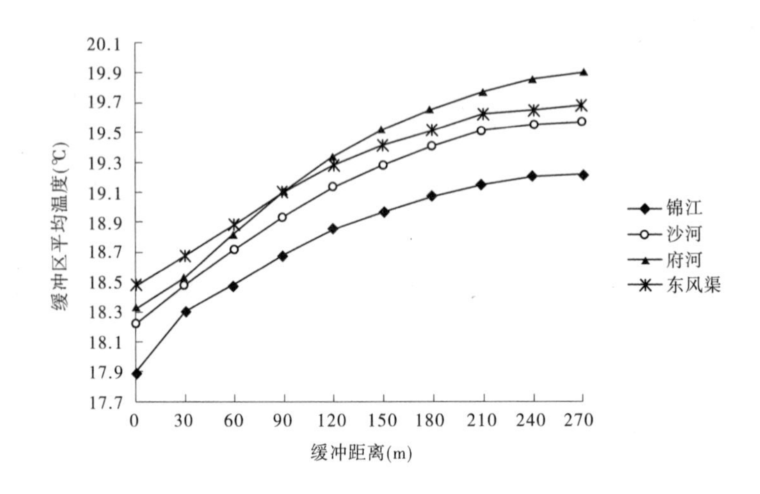

图 7-3　缓冲距离与缓冲区平均温度关系曲线

7.2.2　降温效果分析

城市水域不但自身对应着相对较低的地温，即城市热环境中的“冷岛”，同时根据其面积大小以及区域位置，不同程度地影响了局部环境的温度。因此，研究发现城市水域景观对维持城市景观生态系统的正常运转，特别是对缓解城市热岛效应，改变城市局部小气候具有重要作用。在中国的城市化进程中，城市水域景观一直处于被掠夺开发的状态，因此在城市内部除面积较大的河流外，其他的主要为人工水体，从生态环境效应角度，对这些水域景观的热环境效应影响进行评价的实践和研究还是比较缺乏的。

已有的相关研究成果认为(李海峰等，2015)河流的水面面积大小与流经区域差异对其降温效果都存在一定的影响。从影像上看，4 条河流的宽度以及河面面积大小差异不明显，但是各自流经区域差异较大。在景观生态学的相关理论中，河流景观廊道是物质传播和能量交流的重要通道。所以，锦江、沙河、府河和东风渠对促使成都市热中心的迁移及周围环境的热交换、改善城市热环境、提高城市生态环境质量都具有极其重要的作用。

水域景观中，锦江、沙河、府河和东风渠对应的地温分布图(见图 7-2)中显示 4 条河流河面温度存在明显差异，研究时分别将锦江、沙河、府河和东风渠划分为低温段(Ⅰ)和高温段(Ⅱ)两部分(具体划分部位参见图 7-2 中黑色实线)，把它们分别作为一个对象进行研究。然后，分别对锦江(Ⅰ)、(Ⅱ)，沙河(Ⅰ)、(Ⅱ),府河(Ⅰ)、(Ⅱ)和东风渠(Ⅰ)、(Ⅱ)进行缓冲区分析。缓冲区分析时,将河流中心线作为界线向两岸分别进行缓冲区分析,获得河流各段两岸缓冲区分布图,用该图掩膜建成区范围内地温数据,并统计河面与缓冲区内的最大值、最小值、标准差、平均值、缓冲区平均温度与河面平均温度之差ΔT,结果列于表7-3中。并绘制4条河流(Ⅰ)、(Ⅱ)段河面平均温度与西岸缓冲区平均温度、东岸缓冲区平均温度变化曲线如图7-4所示,其中JJ表示锦江,SH表示沙河,FH表示府河,DFQ表示东风渠,Ⅰ、Ⅱ分别表示低温段与高温段,W、E分别表示河流的西、东两个方位的缓冲区。

表7-3 河面与缓冲区内温度统计 (单位:℃)

河流名称	统计区域	最大值	最小值	标准差	平均值	ΔT
锦江Ⅰ	河面	21.55	14.07	1.02	17.18	—
	西岸缓冲区	23.23	14.89	1.13	18.88	1.70
	东岸缓冲区	23.10	15.24	1.36	18.83	1.65
锦江Ⅱ	河面	21.39	15.88	0.86	18.36	—
	西岸缓冲区	26.64	16.44	1.15	19.50	1.14
	东岸缓冲区	23.77	15.49	1.11	19.19	0.83
沙河Ⅰ	河面	19.48	16.18	0.64	17.42	—
	西岸缓冲区	21.87	16.23	1.23	18.95	1.53
	东岸缓冲区	21.42	16.24	1.01	18.41	0.99
沙河Ⅱ	河面	20.85	17.13	0.64	18.54	—
	西岸缓冲区	24.81	15.88	1.11	19.95	1.41
	东岸缓冲区	24.75	17.10	1.17	19.83	1.29
府河Ⅰ	河面	21.73	15.35	0.95	17.80	—
	西岸缓冲区	26.96	15.91	1.60	19.37	1.57
	东岸缓冲区	23.75	15.30	1.47	19.44	1.64
府河Ⅱ	河面	21.28	16.64	0.77	18.65	—
	西岸缓冲区	24.06	16.67	1.11	20.18	1.53
	东岸缓冲区	24.87	17.33	1.33	20.29	1.64

续表 7-3

河流名称	统计区域	最大值	最小值	标准差	平均值	ΔT
东风渠Ⅰ	河面	19.34	14.18	0.85	15.65	—
	西岸缓冲区	21.12	14.39	1.17	16.55	0.90
	东岸缓冲区	19.58	14.12	0.97	15.92	0.27
东风渠Ⅱ	河面	22.52	16.63	1.07	19.29	—
	西岸缓冲区	27.10	15.69	1.79	20.73	1.44
	东岸缓冲区	25.83	15.89	1.47	20.40	1.11

注:ΔT 为各缓冲区温度平均值与相应河面温度平均值之差。

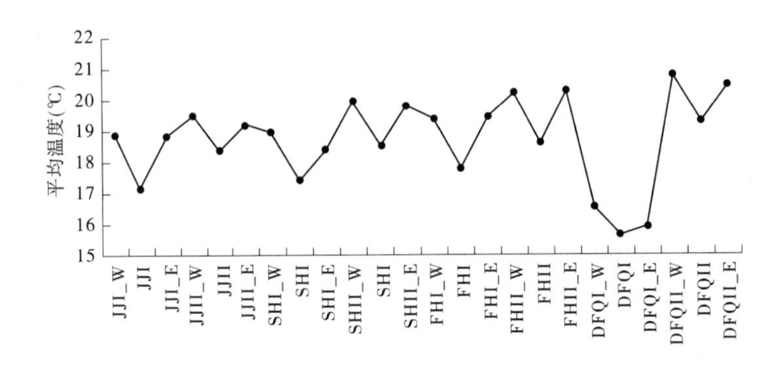

图 7-4 河流及其缓冲区平均温度变化曲线

结合表 7-3 发现,河面与缓冲区内的最大值、最小值、标准差、平均值、缓冲区平均温度与河面平均温度之差 ΔT,5 个参数很好地刻画了 4 条河流的热环境效应情况。东风渠(Ⅰ)与东风渠(Ⅱ)河面平均温度相差较大,东风渠(Ⅰ)河面平均温度为 15.65 ℃,东风渠(Ⅱ)河面平均温度为 19.29 ℃,二者相差3.64 ℃;其余 3 条河流(Ⅰ)、(Ⅱ)段平均温度相差 1 ℃左右。除府河外,其余 3 条河流西岸平均温度略高于东岸,相差最大值是东风渠(Ⅰ)的 0.63 ℃。锦江(Ⅰ)河面平均温度为 17.18 ℃、沙河(Ⅰ)河面平均温度为 17.42 ℃、府河(Ⅰ)河面平均温度为 17.80 ℃,最大值与最小值相差 0.62 ℃;锦江(Ⅱ)河面平均温度为18.36 ℃、沙河(Ⅱ)河面平均温度为18.54 ℃、府河(Ⅱ)河面平均温度为 18.65 ℃,最大值与最小值相差 0.29 ℃。

图 7-4 反映出各条河流温度最低点均出现在河面,从锦江(Ⅰ)段至府河(Ⅰ)段河面的平均温度保持上升趋势,到东风渠(Ⅰ)河面温度则迅速减小,

分析发现东风渠（Ⅰ）在龙泉驿区穿过十陵森林公园，公园内部植被覆盖较好且有大面积水体，因此河面和缓冲区平均温度都比较低。两侧缓冲区平均温度差异较小，可以认为河流东西两岸植被覆盖情况等比较接近。从锦江（Ⅱ）段至东风渠（Ⅱ）河面平均温度保持上升趋势。

热环境效应方面，锦江（Ⅰ）、（Ⅱ）河面温度平均值分别为17.18 ℃和18.36 ℃，锦江（Ⅱ）比锦江（Ⅰ）高1.18 ℃，由此可见，河面平均温度的大小与其流经区域的地温状况相关性较大；对比分析两段东岸与西岸的缓冲区平均温度可知，两段西岸缓冲区的平均温度均高于东岸，差值分别为0.05 ℃和0.31 ℃。说明两岸的建筑密度、高大建筑物、不透水面积、绿化情况等比较接近。降温效果方面：（Ⅰ）段西岸缓冲区内平均温度比河面平均温度高1.70 ℃，（Ⅰ）段东岸缓冲区平均温度比河面平均温度高1.65 ℃。（Ⅱ）段西岸缓冲区平均温度比河面平均温度高1.14 ℃，（Ⅱ）段西岸缓冲区平均温度比河面平均温度高0.83 ℃。由此可见，锦江降温效果方面（Ⅰ）段优于（Ⅱ）段。

沙河（Ⅰ）、（Ⅱ）河面温度平均值分别为17.42 ℃和18.54 ℃，沙河（Ⅱ）比沙河（Ⅰ）高1.12 ℃。由此可见，河面平均温度的大小与其流经区域的地温状况相关性较大；对比分析两段东岸与西岸的缓冲区平均温度可知，两段西岸缓冲区的平均温度均高于东岸，差值分别为0.54 ℃和0.12 ℃。说明两岸的建筑密度、高大建筑物、不透水面积、绿化情况等差异较小。降温效果方面：（Ⅰ）段西岸缓冲区内平均温度比河面平均温度高1.53 ℃，（Ⅰ）段东岸缓冲区平均温度比河面平均温度高0.99 ℃。（Ⅱ）段西岸缓冲区平均温度比河面平均温度高1.41 ℃，（Ⅱ）段西岸缓冲区平均温度比河面平均温度高1.29 ℃。由此可见，沙河降温效果方面（Ⅱ）段优于（Ⅰ）段。

府河（Ⅰ）、（Ⅱ）河面温度平均值分别为17.80 ℃和18.65 ℃，府河（Ⅱ）比府河（Ⅰ）高0.85 ℃。由此可见，河面平均温度的大小与其流经区域的地温状况相关性较大；对比分析两段东岸与西岸的缓冲区平均温度可知，两段西岸缓冲区的平均温度均低于东岸，差值分别为0.07 ℃和0.11 ℃。说明两岸的建筑密度、高大建筑物、不透水面积、绿化情况等比较接近。降温效果方面：（Ⅰ）段西岸缓冲区内平均温度比河面平均温度高1.57 ℃，（Ⅰ）段东岸缓冲区平均温度比河面平均温度高1.64 ℃。（Ⅱ）段西岸缓冲区平均温度比河面平均温度高1.53 ℃，（Ⅱ）段西岸缓冲区平均温度比河面平均温度高1.64 ℃。由此可见，府河降温效果方面（Ⅰ）段与（Ⅱ）段几乎相同。

东风渠（Ⅰ）、（Ⅱ）河面温度平均值分别为15.65 ℃和19.29 ℃，东风渠（Ⅱ）比东风渠（Ⅰ）高3.64 ℃，东风渠（Ⅰ）穿过植被覆盖良好的十陵森林公园,并且公园内有大面积水体。由此可见,河面平均温度的大小与其流经区域的地温状况相关性较大;对比分析两段东岸与西岸的缓冲区平均温度可知,两段西岸缓冲区的平均温度均高于东岸,差值分别为0.63 ℃和0.33 ℃。说明两岸的建筑密度、高大建筑物、不透水面积、绿化情况等比较接近。降温效果方面:(Ⅰ)段西岸缓冲区内平均温度比河面平均温度高0.90 ℃,(Ⅰ)段东岸缓冲区平均温度比河面平均温度高0.27 ℃。(Ⅱ)段西岸缓冲区平均温度比河面平均温度高1.44 ℃,(Ⅱ)段西岸缓冲区平均温度比河面平均温度高1.11 ℃。由此可见,东风渠降温效果方面(Ⅱ)段优于(Ⅰ)段。

第 8 章　改善城市热环境的对策研究

当前,随着我国城市化进程的不断推进,城市生态环境受到严重影响,尤其是城市热环境已经成为影响城市生态环境的主要因素之一。城市作为一个人员密集的公共场所,承载着众多功能,也是人们关注的焦点。影响城市热环境的因素众多,主要包括:人为因素,如人类活动的废热释放、空气污染物、城市绿地、建筑等;自然因素,如太阳辐射、地理条件、大气环流、季节和昼夜变化、风速、云层等。自然因素与人为因素相互作用,形成城市热岛效应。而城市热岛效应正在被政府、学者和市民重视,城市热岛效应会加剧有害、有毒和废气聚集在城市上空,使得城市的空气质量变差,长此下去会影响人们的身心健康。

8.1　优化城市功能分区和结构布局,合理扩张城市

由于城市发展历史原因,一些城市中心城区功能布局不合理,一方面,居住、工业、商业等各种功能区域混杂分布;另一方面,缺少绿地和水面等开敞空间。同时,随着经济发展,城市工业能耗的增加趋势短时期内不可避免。所以,必须对包括工业在内的各种城市功能区进行合理布局,继续坚持将内环以内的重化工业外迁政策,减少中心城区能耗布局。同时,改变大城市无限制扩张的现状,严格控制城市发展规模,积极发展中、小规模的卫星城市。

8.2　增加城市绿地、湿地面积,合理空间布局,改善城市下垫面热辐射特性

城市内部的绿地和水面对城市热场具有显著的缓解作用。通过增加城市绿地、城市湿地面积,改善城市下垫面的热特性,是削减城市热岛效应有效和切实可行的途径。在城市规划上,要注重城市绿地和湿地公园的规划布局,在规划实施方面必须严肃规划的法律依据,严格执行规划。在保护现有城市湿地的基础上,适当增加人工湿地面积。在新建城市广场、城市道路、生活小区必须配套建设相应面积比例的绿地,对于建筑密度高的区域,可以考虑通过屋顶绿化和立体绿化的方式,增加植被覆盖。通过绿地和湿地,逐步改善城市下

垫面中的透水、半透水面的比例,改变地表热辐射、热传导和热存储的模式,达到有效改善城市热环境状况的目的。

8.3 大力发展公共交通,倡导低碳出行

成都市的研究已经表明,交通干线已经成为热岛效应的重灾区。车流量大,尾气排放多,成为诱发热岛效应的重要原因。

随着国家经济平稳快速发展,人民群众生活水平不断提高,私家汽车的普及率越来越高,给城市交通带来了极大压力,尤其是汽车尾气的排放,成为城市生态系统中重要的热源。在严格限制私家车快速增长的基础上,必须大力发展公共交通,尤其是地下交通。完善城市道路网,构建大容量、无污染、全立交快速交通系统。加快城市道路基础设施的建设工作,拓宽道路,疏通瓶颈,实现交通运输快捷,畅通无阻。搞好道路两侧的绿化工作,充分发挥绿色植物吸收机动车尾气,净化空气的生态功能。

8.4 推广新型环保建筑材料

目前,城市建设,无论是房屋还是道路,采用的建筑材料都是混凝土,而混凝土具有吸热效应,极易升温。若将建筑物涂上极具吸水性的光催化剂,浇湿后形成均匀的薄水膜,水分蒸发有助于排热,使建筑物有效降温,有利于减弱热岛现象。绿色混凝土也称环保混凝土,是一种能长草的混凝土,它是利用特殊配比的混凝土形成植物根系可生长的空间,并通过采用化学和植物生长技术,创造出能使植物生长的条件,这种绿色建筑材料除可用于堤防迎水面植被护坡工程外,还可以用来制造植被型路面砖、植被型墙体、植被型屋顶压载材料、绿色停车场等,对改善城镇生态环境,实现城市立体绿化,减少城市热岛效应也将发挥重要作用。

8.5 控制城市人口数量

人口密度是城市热环境中人为热排放量的综合体现。国外的研究表明,城市热岛效应和城市人口有很好的正相关性。因此,通过人口政策合理调节人口分布,逐步降低中心城区的人口分布密度,也是缓解城市热岛效应的措施。

第 9 章　研究结论与认识

在成都与德阳同城化逐步推进的背景下，研究以成都市四环路以内和德阳市旌阳区、建成区为典型案例，借助地理信息系统的技术和遥感技术的强有力支持，以 7 个时期的 Landsat－5 TM 和 Landsat －8 OLI&TIRS 遥感影像为主要数据源，配合基础地理数据和相关图文资料，揭示两个城市热环境的时空分布特征及年际演化规律，城市植被覆盖状况，并定量分析城市绿地景观和水域景观的热环境效应，总结改善城市热环境的相关对策。现将本书的研究工作及创新性成果和进一步工作的建议简述如下。

9.1　主要成果与认识

（1）对主要地温反演模型、植被指数模型进行分析和对比，可以为同类研究提供很好的参考和借鉴。

①地温是表征城市热环境状况的有效指标，其反演精度的好坏将直接决定后续分析成果的可靠性。对比分析 TM 和 TIRS 遥感数据地温反演的主流模型，选择 IB 算法反演地温。该方法具有反演精度高、操作简便、可执行性强等特点。

②对比优选空间差值方法，并采用克里金法完成空间差值。通过整体和内部结构对比归一化植被指数 *NDVI* 和差值植被指数 *RVI*，认为 *NDVI* 更适宜表征城市植被覆盖状况。

（2）以 Landsat 遥感影像为数据，揭示成都、德阳城市热环境时空分布特征和年季演化规律，为类似研究提供方法借鉴。

①通过剖面分析热场内部结构，表明地温与城市下垫面性质、人口密度和城市功能分区密切相关。水体和绿地均对应相对较低的温度值。同一剖面不同时期和同一时期不同剖面 *LST* 差异均比较明显。

②1988～2013 年 25 年间成都市热场中高温区域逐渐向外迁移，1988 年城市热场中高温区域主要集中在一环路以内，2013 年大部分高温区域已经转移到三环路至四环路区域。6 种热力景观类型中，特高温类型面积呈现下降趋势，高温类型和次高温类型面积呈增加趋势。

③25 年间成都城市热岛强度按照减小→增大→减小的规律变化，在所选时段中 2005 年城市热岛强度值最大为 4.37 ℃，2013 年城市热岛强度最弱为 2.64 ℃。环路之间区域热岛强度变化规律不同。

④2007 年德阳市旌阳区热场整体偏高，建成区范围地温高于周边温度，与 2014 年和 2018 年两个年份相比，高出的幅度较小；2014 年和 2018 年除建成区外整体地温偏低，有少量的高温区域，建成区地温明显高于其他地区。热力景观类型方面：2007～2014 年中温面积最大，2018 年次低温面积最大。2007～2014 年中温和次低温面积分别增加了 45.10 km^2 和 36.13 km^2，2014～2018 年高温面积和低温面积分别增加了 24.78 km^2 和 22.09 km^2。

⑤近 10 年间德阳城市热岛强度按照增大→减小的规律变化，在所选时段中，2014 年城市热岛强度值最大为 3.54 ℃，2007 年城市热岛强度最弱为0.94 ℃。

(3)研究了城市植被覆盖状况。

研究德阳成都同城化背景下，德阳市城市化进程对植被覆盖的影响。结果表明：德阳市旌阳区 2007 年以中低覆盖为主，占总面积的 44.54%，2014 年以高覆盖为主，占总面积的 30.37%，2018 年以极低覆盖为主，占总面积的 43.15%，2007～2018 年极低覆盖面积增加 54.24 km^2，平均每年增加约 4.93 km^2；3 条典型剖面的植被覆盖度变化值都是以 0 为中心上下波动，峰值、谷值交替出现，不同时段存在较大差异；11 年间植被覆盖以变差为主，其中轻微变差和变差共占总面积的 60.83%，植被覆盖明显变差的区域是建成区北面和南面。

(4)对城市绿地景观热环境效应进行分析，为城市规划等部门提供技术支持。

①*LST* 和 *FVC* 具有明显相反的变化趋势，*LST* 的高值区恰好是 *FVC* 的低值区间，*LST* 的峰值恰好对应于 *FVC* 的谷值，植被越稀少的区域，二者对比越强烈。不透水面对城市热岛的形成起到很大促进作用，而植被能显著地缓解热岛效应带来的负面影响。

②通过对斑块平均温度与其面积、周长、形状指数回归分析发现，上述三种景观指数与斑块平均温度不存在显著的相关性。绿地斑块平均温度与植被覆盖度呈显著的负相关关系，确定系数 R^2 达到 0.511 1。

③利用 Kriging 算法与等温线结合生成等温线分布图，根据等温线分布图能精确确定降温边界、降温范围及边界温度，同时能够反映绿地样本在空间上降温效果的差异性。

④利用对数函数对降温幅度与其面积、周长、形状指数的关系进行回归分析,结果表明:降温幅度与面积和周长存在显著的相关性,与形状指数无关。而且当面积从 0 开始增加到 0.4 km^2时,温差迅速从 0 ℃增加到 1.2 ℃;周长从 0 至 0.5 km 时,温差也迅速增加。

(5)对水域景观热环境效应进行分析,为水利部门决策提供技术支持。

①研究锦江、沙河、府河和东风渠 4 条典型河流的热环境效应发现:东风渠温差最大为 8.76 ℃,沙河温差最小为 4.67 ℃;锦江河面平均温度最低为 17.89 ℃,其余 3 条河流河面平均温度比较接近。

②锦江和府河降温范围是 240 m,而沙河、东风渠的降温范围是 210 m。然后针对 4 条河流河面平均温度和河岸左右两侧温度进行统计分析,结果表明:水域面积和流经区域共同影响其降温效果,4 条河流中锦江(Ⅰ)降温效果最显著,东风渠(Ⅰ)降温效果最弱。4 条河流各段的最低温度均出现在河面上。

(6)研究改善城市热环境的相关对策。

从优化城市功能分区和结构布局,合理扩张城市;增加城市绿地、城市湿地面积,改善城市下垫面辐射特性;大力发展公共交通;推广新型环保建筑材料;控制城市人口数量等方面改善城市热环境状况。

9.2　下一步研究建议

由于时间、经费和作者能力的限制,本书获取的是初步的研究成果,许多方面仍需加强和完善,进一步工作方向可从以下几点入手:

(1)书中的数据主要来源于 30 m 分辨率的 Landsat -5 TM 和 Landsat -8 OLI&TIRS,其中提取地温的热红外波段,空间分辨率是 120 m(TM)和 100 m(TIRS)。对于城市的生态环境研究,究竟采用何种分辨率的遥感影像是比较合适的,这是个十分复杂的问题,涉及研究目标、研究尺度和研究投入等因素。可以通过试验,对不同影像的结果进行比较。此外,TM 和 OLI&TIRS 的时间分辨率较差,加之成都市、德阳市为盆地中间,受气象条件的限制,较难选择时间序列更为合理的基础数据。

(2)利用混合像元分解技术提取城市景观信息虽然在一定程度上提高了分类精度,但是由于影像自身空间分辨率的限制,分类精度很难与 QuickBird 影像或者国产高分影像相比较。但是,利用高空间分辨率的影像进行城市景观信息提取时,除成本较高外,与 Landsat 配准精度也很难保证。上述问题势必影响定量分析的精度和可靠性。

（3）本书研究受时间、人力和经费等因素的限制，对地温没有做相应的同步测定，以及进一步排除其他因素对绿地、水域热环境的影响，在后续的研究中，本部分内容将进一步补充和完善。

（4）对两种景观的热环境效应进行回归分析时，仅采用一元回归，而影响城市热环境的因素错综复杂，如何建立一个普适性较强的评价指标体系，通过对各指标权重的分析与计算，建立符合研究区特性的多元回归模型，也是今后研究的重要方向之一。

参考文献

[1] Akinbode O M, Eludoyin A O, Fashae O A. Temperature and relative humidity distributions in a medium-size administrative town in southwest Nigeria[J]. Journal of Environmental Management, 2008, 87(1):95-105.

[2] Anderson M C, Allen R G, Morse , et al. Use of Landsat thermal imagery in monitoring evapotranspiration and managing water resources[J]. Remote Sensing of Environment, 2012, 122(1):50-65.

[3] Artis D A, Carnahan W H. Survey of emissivity variability in thermography of urban areas [J]. Remote Sensing of Environment, 1982, 12(4):313-329.

[4] Ashie Y, Thanh C V, Asaeda T. Building canopy model for the analysis of urban climate[J]. Journal of Wind Engineer and Industrial Aerodynamics, 1999, 81(1-3):237-248.

[5] Balcik F B. Determining the impact of urban components on land surface temperature of Istanbul by using remote sensing indices[J]. Environment Monitoring and Assessment, 2014, 186(2):859-872.

[6] Boardman J W, Kruse F A, Green R O. Mapping target signatures via partial unmixing of AVIRIS data: in Summaries[J]. Fifth JPL Airborne Earth Science Workshop, 1995, 95-11: 23-26.

[7] Chander G, Markham B. Revised Landsat-5 TM radiometric calibration procedures and post-calibration dynamic ranges[J]. IEEE Transactions on Geoscience and Remote Sensing, 2003, 41(11):2674-2677.

[8] Chavez P S J. An improved dark-object subtraction technique for atmospheric scattering correction of multi-spectral data[J]. Remote Sensing of Environment, 1988, 24(4):459-479.

[9] Chavez P S J. Image-based atmospheric correction revisited and improved[J]. Photogrammetric Engineering and Remote Sensing, 1996, 62(9):1025-1036.

[10] Ciro Manzo, Braga Federica, Zaggia Luca, et al. Spatio-temporal analysis of prodelta dynamics by means of new satellite generation: the case of Po river by Landsat-8 data[J]. International Journal of Applied Earth Observation and Geoinformation. 2018, 66(2):210-225.

[11] Darryl Keith, Jennifer Rover, Jason Green, et al. Monitoring algal blooms in drinking water reservoirs using the Landsat-8 Operational Land Imager[J]. International Journal of Remote Sensing. 2018, 39(9):2818-2846.

[12] Emma Underwood, Susan Ustin, Deanne Dipietro. Mapping nonnative plants using pyperspectral imagery[J]. Remote Sensing of Environment, 2003, 86(2):150-161.

[13] Érico Masiero, Léa Cristina Lucas de Souza. Improving urban thermal profile with trees and water features[J]. Proceedings of the Institution of Civil Engineers-Urban Design and

Planning,2016,4(2):66-77.

[14] Georgescu M, Moustaoui M, Mahalov A,et al. Summer time climate impacts of projected megapolitan expansion in Arizona[J]. Nature Climate Change, 2013,3(1): 37-41.

[15] Gallo K, McNAB A L,Karl T R,et al. The use of a vegetation index for assessment of the Urban Heat Island effect [J]. Intemational Journal of Remote Sensing, 1993, 14 (1): 2223-2230.

[16] Giridharan R,Lau S Y,Ganesan S, et al. Lowering the outdoor temperature in high-rise high-density residential developments of coastal Hong Kong: the vegetation influence[J]. Building and Environment,2008,43(10):1583-1595.

[17] Green A A,Berman M,Switer P,et al. A transformation for ordering multispectral data in terms of image quality with implications for noise remova[J]. lIEEE Transactions on Geoscience and Remote Sensing,1988,26(1):65-74.

[18] Giridharan R,Lau SSY,Ganesan S. Urban design factors influencing heat island intensity in high-rise high-density environments of Hong Kong[J]. Building and Environment,2007,42(10):3669-3684.

[19] Hafner J,Kidder S Q. Urban heat island modeling in conjunction with satellite-derived surface/soil parameters[J]. Journal of Applied Meteorology,1999,38(4):448-465.

[20] Herath,H M P I K ,Halwatura R U,Jayasinghe G Y. Evaluation of green infrastructure effects on tropical Sri Lankan urban context as an urban heat island adaptation strategy [J]. Urban Forestry & Urban Greening,2018,29(3):212-222.

[21] James R Ironsa, John L Dwyerb, Julia A Barsic. The next landsat satellite: The landsat data continuity mission[J]. Remote Sensing of Environment,2012,122(7):11-21.

[22] Jiménez-Muñoz J C, Sobrino J A. A generalized single channel method for retrieving land surface temperature from remote sensing data[J]. Journal of Geophysical Research,2003, 108(22):1-9.

[23] Jiménez-Muñoz J C, Sobrino J A,Skokovic D,et al. Land surface temperature retrieval methods from landsat-8 thermal infrared sensor data[J]. IEEE Geoscience & Remote Sensing Letters,2014,11(10):1840-1843.

[24] Jagalingam Pushparaj,Arkal Vittal Hegde. Estimation of bathymetry along the coast of Mangaluru using Landsat-8 imagery[J]. The International Journal of Ocean and Climate Systems,2017,8(2):71-83.

[25] Kei Saito,Ismail Said,Michihiko Shinozaki. Evidence-based neighborhood greening and concomitant improvement of urban heat environment in the context of a world heritage site-Malacca, Malaysia[J]. Computers, Environment and Urban Systems,2017,64:356-372.

[26] Kikegawa Y,Genchi Y,Kondo H, et al. Inlpacts of city-block-scale countermeasures against urban heat-island phenomena upon a building' s energy-consumption for air-condi-

tioning[J]. Applied Energy,2006,83(6):649-668.

[27] Kustas W, Anderson M. Advances in thermal infrared remote sensing for land surface modeling[J]. Agricultural and Forest Meteorology, 2009,149(12): 2071-2081.

[28] Levin Noam, Phinn Stuart. Illuminating the capabilities of Landsat. 8 for mapping night lights[J]. Remote Sensing of Environment,2016,182:27-38.

[29] Li C F, Yin J Y, Zhao J J. Study on the relationships between ground bright temperature and land-use types of city based on landsat image[J]. International Journal of Environmental Science and Development, 2010,1(3):268-272.

[30] LO C P,Quattrechi D A,Luvall J C. Application of Hish-Resolution Thermal Infrared Remote Sensing and GIS to Assess the Urban Heat Island Effect[J]. International Journal of Remote Sensing,1997,18(2):287-304.

[31] Makoto Y,Robert D,Yoshitake K,et al. The cooling effect of paddy fields on summertime air temperature in residential Tokyo Japan[J]. Landscape and Urban Planning,2001,53 (1/2/3/4):17-27.

[32] Rostami M A,fzali H A. Remote Sensing of Residue Management in Farms using Landsat 8 Sensor Imagery[J]. Journal of Agricultural Machinery,2017,7(2):388-400.

[33] Moran M S, Jackson R D, Slater P N, et al. Evaluation of simplified procedures for of retrieval of land surface reflection factors from satellite sensor output[J]. Remote Sensing of Envirronment,1992,41(2):169-184.

[34] Owen T W,Carlson T N,Gillies R R. An assessment of satellite remotely-sensed land cover parameters in quantitatively describing the climatic effect of urbanization[J]. International Journal of Remote Sensing,1998,19(9):1663-1681.

[35] Qin Z H,Karnieli A,Berliner P. A mono—window algorithm for retrieving land surface temperature from Landsat TM data and its application to the Israel—Egypt border region [J]. International Journal of Remote Sensing,2001,22(18):3719-3746.

[36] Rao P K. Remote sensing of urban heat islands from an environmental satellite[J]. Bulletin of the American Meteorological Society,1972, 53: 647-648.

[37] Ramsey R D, Wright D L Jr, McGinty C. Evaluating the use of Landsat 30 m Enhanced Thematic Mapper to monitor vegetation cover in shrub-steppe environments[J]. Geoc. Int. ,2004,19(2):39-47.

[38] Rozenstein O,Qin Z H,Derimian Y,et al. Derivation of land surface temperature for Landsat-8 TIRS using a split window algorithm[J]. Sensors,2014,14(4):5768-5780.

[39] Rizwan A M, Dennis L Y, Liu C. A review on the generation determination and mitigation of Urban Heat Island [J]. Journal of Environmental Sciences,2008,20(1):120-128.

[40] Sobrino J A, Jiménez-Muñoz J C, Paolini L. Land surface temperature retrieval from LANDSAT TM5[J]. Remote Sensing of Environment,2004,90(4):434-440.

[41] Sobrino J A,Raissouni N, Li Z L. A comparative study of land surface emissivity retrieval from NOAA data[J]. Remote Sens Environ,2001,75(2):256-266.

[42] Stathopoulou M,Cartalis C. Daytime urban heat islands from Landsat ETM + and Corine land cover data:An application to major cities in Greece[J]. Solar Energy,2007,81(3): 358-368.

[43] Shibo Sun,Xiyan Xu,Zhaoming Lao,et al. Evaluating the impact of urban green space and landscape design parameters on thermal comfort in hot summer by numerical simulation [J]. Building and Environment,2017,123:277-288.

[44] Kumar S S, Roy D P. Global operational land imager Landsat-8 reflectance-basedactive fire detection algorithm[J]. International Journal of Digital Earth,2018,11(2):154-178.

[45] Thomas B Fischer, Peter Fawcett, Julia Nowacki,et al. Consideration of urban green space in impact assessments for health[J]. Impact Assessment and Project Appraisal,2017,36 (1):32-44.

[46] Turner M G, Gardner R H, O' Neill R V. Landscape ecology in theory and practice: pattern and process[M]. New York: Springer-Verlag, 2001.

[47] USGS. Landsat 8 Data[EB/OL]. [2015-07-29]. http://landsat. usgs. gov.

[48] Venkatesh Reddy Chejarla,Pramod Kumar Maheshuni,Venkata Ravibabu Mandla. Quantification of LST and CO_2 levels using Landsat-8 thermal bands on urban environment[J]. Geocarto International, 2016,31(8):913-926.

[49] Vitousek P M, Mooney H A, Lubchenco J, et al. Human domination of earth's ecosystems[J]. Science,1997,21(15):2781-2797.

[50] Weng Q H. A remote sensing-GIS evaluation of urban expansionand its impact on surface temperature in the Zhujiang Delta, China[J]. International Journal of Remote Sensing, 2001,22(10):1999-2014.

[51] Wu C,Murray A T. Estimating imperviours surface distribution by spectral mixture analysis [J]. Remote Sensing of Environment,2003,84(4):493-505.

[52] Xu Hanqiu. Change of Landsat 8 TIRS calibration parameters and its effect on land surface temperature retrieval [J]. Journal of Remote Sensing, 2016, 20(2): 229-235.

[53] Yu C, Hien W N. Thermal benefits of city parks[J]. Energy and Building,2006,38(2): 105-120.

[54] Yu X L,Guo X L,Wu Z C. Land surface temperature retrieval from Landsat 8 TIRS-comparison between radiative transfer equation-based method,split window algorithm and single channel method[J]. Remote Sensing,2014,6(10): 9829-9852.

[55] Yuan F,Marvin E. Comparison of impervious surface area and normalized difference vegetation index as indicators of surface urban heat island effects in landsat imagery[J]. Remote Sensing of Environment,2007,106(3):375-386.

[56] Zhang X, Liao C, Li J, et al. Fractional vegetation cover estimation in arid and semi-Arid environment using H J-1 satellite hyperspectral data[J]. International Journal of Applied Earth Observation and Geoinformation, 2013, 21:506-512.

[57] 白洁,刘绍民,扈光. 针对 TM/ETM + 遥感数据的地表温度反演与验证[J]. 农业工程学报,2008,24(9):148-154.

[58] 陈晋,马磊,陈学泓,等. 混合像元分解技术及其进展[J]. 遥感学报,2016,20(5):1102-1109.

[59] 陈松林,王天星. 等间距法和均值标准差法界定城市热岛的对比研究[J]. 地球信息科学学报,2009,11(2):145-150.

[60] 陈佑启,Verburg E H. 基于 GIS 的中国土地利用变化及其影响模型[J]. 生态科学,2000,19(3):1-7.

[61] 陈云浩,宫阿都,李京. 基于地表辐射亮温标准化的城市热环境遥感研究——以上海市为例[J]. 中国矿业大学学报,2006,35(4):462-467.

[62] 陈云浩,李京,李晓兵. 城市空间热环境遥感分析——格局过程模拟与影响[M]. 北京:科学出版社,2004.

[63] 陈云浩,史培军,李晓兵,等. 城市空间热环境的遥感研究——热场结构及其演变的分形测量[J]. 测绘学报,2002,31(4):322-326.

[64] 陈丽萍,孙玉军. 线性混合像元分解及其在林业中的应用[J]. 世界林业研究,2017,2:1-5.

[65] 陈健飞. 地理信息系统导论[M]. 北京:电子工业出版社,2014.

[66] 程承旗,吴宁,郭仕德,等. 城市热岛强度与植被覆盖关系研究的理论技术路线和北京案例分析[J]. 水土保持研究,2004,11(3):172-174.

[67] 池宏康,周广胜,许振柱,等. 表观反射率及其在植被遥感中的应用[J]. 植物生态学报, 2005,29(1):74-80.

[68] 戴晓燕. 基于遥感数据挖掘定量反演城市化区域地表温度研究[D]. 上海:华东师范大学,2008.

[69] 但尚铭,但玻,蒋薇. 成都市热力景观空间格局分析[J]. 四川环境,2011,30(2):53-56.

[70] 丁凤,徐涵秋. TM 热波段图像的地表温度反演算法与实验分析[J]. 地球信息科学,2006,8(3):125-130.

[71] 丁凤,徐涵秋. 基于 Landsat TM 的 3 种地表温度反演算法比较分析[J]. 福建师范大学学报(自然科学版),2008,24(1):91-96.

[72] 房力川,潘洪义,冯茂秋,等. 基于 Landsat 8 城市绿地对周边热环境的影响研究——以成都市中心城区为例[J]. 资源开发与市场,2017,33(8):945-957.

[73] 冯维一,陈钱,何伟基,等. 基于高光谱混合像元分解技术的去云方法[J]. 光学学报,2015,35(1):107-114.

[74] 傅伯杰,陈利顶,马克明,等.景观生态学原理及应用[M].北京:科学出版社,2001.
[75] 高凯,秦俊,胡永红.上海城市居住区绿化缓解热岛效应研究进展[J].中国园林,2010,26(12):12-15.
[76] 高志强,刘纪远.基于遥感和GIS的中国植被指数变化的驱动因子分析及模型研究[J].气候与环境研究,2000,5(2):155-164.
[77] 宫阿都,陈云浩,李京,等.北京市城市热岛与土地利用/覆盖变化的关系研究[J].中国图像图形学报,2007,12(8):1476-1482.
[78] 宫阿都,江樟焰,李京,等.基于Landsat TM图像的北京城市地表温度遥感反演研究[J].遥感信息,2005,3:18-20.
[79] 何介南,肖毅峰,吴耀兴,等.4种城市绿地类型缓解热岛效应比较[J].中国农学通报,2011,27(16):70-74.
[80] 胡嘉骢,朱启疆.城市热岛研究进展[J].北京师范大学学报(自然科学版),2010,46(2):186-192.
[81] 黄聚聪,赵小锋,唐立娜,等.城市热力景观格局季节变化特征分析及其应用[J].生态环境学报,2011,20(2):304-310.
[82] 黄妙芬,邢旭峰,王培娟,等.利用LANDSAT/TM热红外通道反演地表温度的三种方法比较[J].干旱区地理,2006,29(1):132-137.
[83] 黄木易,岳文泽,何翔.巢湖流域地表热环境与景观变化相关分析及其尺度效应[J].中国环境科学,2017,37(8):3123-3133.
[84] 贾刘强,邱建.基于遥感的城市绿地斑块热环境效应研究——以成都市为例[J].中国园林,2009,25(12):97-101.
[85] 金蓉.福州市建成区绿地系统景观格局分析及其生态功能研究[D].福州:福建师范大学,2009.
[86] 蒋大林,匡鸿海,曹晓峰,等.基于Landsat 8的地表温度反演算法研究——以滇池流域为例[J].遥感技术与应用,2015,30(3):448-454.
[87] 康慕谊.城市生态与城市环境[M].北京:中国计量出版社,1997.
[88] 雷江丽,刘涛,吴艳艳,等.深圳城市绿地空间结构对绿地降温效应的影响[J].西北林学院学报,2011,26(4):218-223.
[89] 李苗苗.植被覆盖度的遥感估算方法研究[D].北京:中国科学院研究生院,2003.
[90] 李彤,师学义.黄土山丘区植被覆盖变化分析[J].水土保持研究,2018,25(5):143-148.
[91] 李海峰,李永树,卢正.基于L5/L8影像成都市热环境特征分析[J].激光与光电子学进展,2017,54(3):286-294.
[92] 李海峰,李永树,卢正,等.河流廊道景观的热环境效应分析[J].地理与地理信息科学,2015,31(3):3-6.
[93] 李海峰,李永树,卢正,等.绿地景观热环境效应的遥感研究[J].测绘科学,2018,43

(1):66-72.
[94] 李海峰. 多源遥感数据支持的中等城市热环境研究[D]. 成都:成都理工大学,2012.
[95] 李翔泽,李宏勇,张清涛,等. 不同地被类型对城市热环境的影响研究[J]. 生态环境学报,2014,23(1):106-112.
[96] 李小娟,刘晓萌,胡德勇,等. ENVI 遥感图像处理教程(升级版)[M]. 北京:中国环境科学出版社,2008.
[97] 梁敏妍,赵小艳,林卓宏,等. 基于 Landsat ETM +/TM 遥感影像的江门市区地表热环境分析[J]. 热带气象学报,2011,22(2):244-250.
[98] 栾庆祖,业彩华,刘勇洪,等. 城市绿地对周边热环境影响遥感研究——以北京为例[J]. 生态环境学报,2014,23(2):252-261.
[99] 刘学全,唐万鹏,周志翔. 宜昌市城区不同绿地类型环境效应[J]. 东北林业大学学报,2004,32(5):53-54.
[100] 刘艳红,郭晋平. 基于植被指数的太原市绿地景观格局及其热环境效应[J]. 地理科学进展,2009,28(5):798-804.
[101] 林娜,杨武年,王斌. 基于核方法的高光谱遥感图像混合像元分解[J]. 国土资源遥感,2017,29(1):14-20.
[102] 吕志强,文雅,孙琤,等. 珠江口沿岸土地利用变化及其地表热环境遥感分析[J]. 生态环境学报,2010,19(8):1771-1777.
[103] 罗亚,徐建华,岳文泽. 基于遥感影像的植被指数研究方法述评[J]. 生态科学,2005,24(1): 75-79.
[104] 马安青,陈东景,王建华,等. 基于 RS 与 GIS 的陇东黄土高原土地景观格局变化研究[J]. 水土保持学报,2002,16(3):56-59.
[105] 梅安新,彭望琭,秦其明,等. 遥感导论[M]. 北京:高等教育出版社,2003.
[106] 邱建,贾刘强,王勇. 基于遥感的青岛市热岛与绿地的空间相关性[J]. 西南交通大学学报(自然科学版),2008,43(3):427-433.
[107] 邱刚刚,李新,韦玮,等. 可见近红外波段自动化观测在轨辐射定标[J]. 光学学报,2016,36(7):1-9.
[108] 彭保发,石忆邵,王贺封,等. 城市热岛效应的影响机理及其作用规律——以上海市为例[J]. 地理学报,2013,68(11):1461-1471.
[109] 宋挺,段峥,刘志军,等. Landsat 8 数据地表温度反演算法对比[J]. 遥感学报,2015,19(3):451-464.
[110] 宋巍巍,管东生. 五种 TM 影像大气校正模型在植被遥感中的应用[J]. 应用生态学报,2008,19(4):769-774.
[111] 胡德勇, 乔琨, 王兴玲,等. 单窗算法结合 Landsat 8 热红外数据反演地表温度[J]. 遥感学报, 2015, 19(6): 964-976.
[112] 蒋大林, 匡鸿海, 曹晓峰,等. 基于 Landsat 8 的地表温度反演算法研究——以滇池

流域为例[J]. 遥感技术与应用, 2015, 30(3): 448-454.
[113] 李瑶, 潘竟虎. 基于 Landsat 8 劈窗算法与混合光谱分解的城市热岛空间格局分析——以兰州市中心城区为例[J]. 干旱区地理, 2015, 38(1): 111-119.
[114] 徐涵秋. 新型 Landsat 8 卫星影像的反射率和地表温度反演[J]. 地球物理学报, 2015, 58(3): 741-747.
[115] 宋挺,段峥,刘志军,等. Landsat 8 数据地表温度反演算法对比[J]. 遥感学报, 2015, 19(3): 451-464.
[116] 胡平. 基于 Landsat 8 的成都市中心城区城市热岛效应研究[D]. 成都:成都理工大学, 2015.
[117] 孙天纵,周坚华. 城市遥感[M]. 上海:上海科学技术文献出版社,1994.
[118] 童庆禧,张兵,郑兰芬. 高光谱遥感——原理、技术与应用[M]. 北京:高等教育出版社,2009.
[119] 邱海玲,朱清科,武鹏飞. 城市绿地对周边建设用地的降温效应分析[J]. 中国水土保持科学,2015,13(1):111-117.
[120] 覃志豪, Zhang Minghua, Arnon Karnieli,等. 用陆地卫星 TM6 数据演算地表温度的单窗算法[J]. 地理学报,2001,56(4):456-466.
[121] 覃志豪,李文娟,徐斌,等. 陆地卫星 TM6 波段范围内地表比辐射率的估计[J]. 国土资源遥感,2004,61(3):28-36.
[122] 位贺杰,张艳芳,董孝斌,等. 2000 ~ 2013 年无定河流域植被覆盖变化及其固碳效应[J]. 水土保持通报,2016,36(1):44-50.
[123] 王国安,米鸿涛,邓天宏,等. 太阳高度角和日出日落时刻太阳方位角一年变化范围的计算[J]. 气象与环境科学(增刊),2007,30:161-164.
[124] 王静. 土地资源遥感监测与评价方法[M]. 北京:科学出版社,2006.
[125] 王琳,祝亚鹏,卫宝立. 城市热岛效应与景观格局相关性研究[J]. 环境科学与管理,2017,42(11):156-160.
[126] 王雪. 城市绿地空间分布及其热环境效应遥感分析[D]. 北京:北京林业大学,2006.
[127] 王天星,陈松林,马娅,等. 亮温与地表温度表征的城市热岛尺度效应对比研究[J]. 地理与地理信息科学,2007,23(6):73-77.
[128] 王天星,陈松林,阎广建. 地表参数反演及城市热岛时空演变分析[J]. 地理科学,2009,29(5):697-702.
[129] 邬建国. 景观生态学概念与理论[J]. 生态学杂志,2000,19(1):42-52.
[130] 邬建国. 景观生态学——格局、过程、尺度与等级[M]. 北京:高等教育出版社,2000.
[131] 吴耀兴,康文星. 城市绿地系统的生态功能探讨[J]. 中国农学通报,2008,24(6):335-337.
[132] 肖笃宁,钟林生. 景观分类与评价的生态原则[J]. 应用生态学报,1998,9(2):217-221.

[133] 徐涵秋,陈本清.不同时相的遥感热红外图像在研究城市热岛变化中的处理方法[J].遥感技术与应用,2003,18(3):129-132.
[134] 徐涵秋.基于影像的 Landsat TM/ETM+数据正规化技术[J].武汉大学学报(信息科学版),2007,32(1):62-66.
[135] 徐涵秋.Landsat 8 热红外数据定标参数的变化及其对地表温度反演的影响[J].遥感学报,2016,20(2):229-235.
[136] 徐涵秋.利用改进的归一化差异水体指数(*MNDWI*)提取水体信息的研究[J].遥感学报,2005,9(5):589-595.
[137] 徐丽华,岳文泽.城市公园景观的热环境效应[J].生态学报,2008,28(4):1702-1710.
[138] 许学强,周一星,宁越敏.城市地理学[M].北京:高等教育出版社,1996.
[139] 杨英宝,苏伟忠,江南.基于遥感的城市热岛效应研究[J].地理与地理信息科学,2006,22(5):36-40.
[140] 杨俊,孙静,葛全胜.大连市城区绿地时空特征的热环境效应研究[J].地球信息科学学报,2016,18(8):1087-1093.
[141] 岳文泽,徐建华,徐丽华.基于遥感影像的城市土地利用生态环境效应研究——以城市热环境和植被指数为例[J].生态学报,2006,26(5):1450-1460.
[142] 岳文泽.基于遥感影像的城市景观格局及其热环境效应研究[M].北京:科学出版社,2008.
[143] 阮俊杰.城市公园对夏季热环境的影响——以上海市中心城区为例[J].生态环境学报,2016,25(10):1663-1670.
[144] 曾永年,张少佳,张鸿辉.城市群热岛时空特征与地表生物物理参数的关系研究[J].遥感技术与应用,2010,25(1):1-6.
[145] 张波,郭晋平,刘艳红.太原市城市绿地斑块植被特征和形态特征的热环境效应研究[J].中国园林,2010,26(1):92-96.
[146] 张闯,吕东辉,项超静.太阳实时位置计算及在图像光照方向中的应用[J].电子测量技术,2010,30(11):87-89.
[147] 张慧,张迎军,王瑞霞,等.土地整理对区域景观变化影响研究[J].安徽农业科学,2007,35(22):6879-6822.
[148] 张金区.珠江三角洲地区地表热环境的遥感探测及时空演化研究[D].广州:中国科学院地球化学研究所,2006.
[149] 张仁华.对于定量热红外遥感的一些思考[J].国土资源遥感,1999,39(1):1-6.
[150] 张新乐,张树文,李颖,等.土地利用类型及其格局变化的热环境效应——以哈尔滨市为例[J].中国科学院研究生院学报,2008,25(6):756-763.
[151] 张勇,余涛,顾行发,等.CBERS-02 IRMSS 热红外数据地表温度反演及其在城市热岛效应定量化分析中的应用[J].遥感学报,2006,10(5):790-796.

[152] 张兆明,何国金,王威.基于 TM 和 LISS3 数据的地表反射率反演比较研究[J].遥感信息,2006,6:55-57.

[153] 张兆明,何国金.北京市 TM 图像城市扩张与热环境演变分析[J].地球信息科学,2007,9(5):84-88.

[154] 赵英时.遥感应用分析原理与方法[M].北京:科学出版社,2003.

[155] 郑国强,鲁敏,张涛,等.地表比辐射率求算对济南市地表温度反演结果的影响[J].山东建筑大学学报,2010,25(5):519-523.

[156] 郑文武,曾永年,田亚平.基于混合像元分解模型的 TM6/ETM+热红外波段地表比辐射率估算[J].地理与地理信息科学,2010,26(3):25-28.

[157] 周东颖,张丽娟,张利,等.城市景观公园对城市热岛调控效应分析——以哈尔滨市为例[J].区域研究与开发,2011,30(3):73-78.

[158] 周红妹,周成虎,葛伟强,等.基于遥感和 GIS 的城市热场分布规律研究[J].地理学报,2001,56(2):189-197.

[159] 周淑贞,束炯.城市气候学[M].北京:气象出版社,1994.

[160] 朱亮璞.遥感地质学[M].北京:地质出版社,1994.

[161] 朱佩娟,肖洪,田怀玉.基于 GIS-ESDA 的城市热岛效应研究[J].自然灾害学报,2010,19(2):6-14.

[162] 邹婧,曾辉.城市地表热环境与景观格局的关系——以深圳市为例 [J].北京大学学报(自然科学版),2017,53(3):436-444.